C.H.BECK WISSEN

in der Beck'schen Reihe

D1875256

«Eine einzigartige Tat, die nicht nur der Physik, sondern dem Weltbild aller Menschen eine neue Wendung gegeben hat», nannte der Nobelpreisträger Max von Laue die Quantentheorie, als deren Begründer Max Planck in die Geschichte eingegangen ist. Doch seine Leistungen gehen weit darüber hinaus: Planck hat der Relativitätstheorie zum Durchbruch verholfen und fundamentale Beiträge zur Thermodynamik geliefert. Darüber hinaus war er einer der frühen Wissenschaftsmanager der Moderne – ein Revolutionär wider Willen, der seine Zeit ebenso sehr geprägt hat, wie er von ihr geprägt worden ist.

Dieter Hoffmann (geb. 1948) ist Mitarbeiter des Max-Planck-Instituts für Wissenschaftsgeschichte und apl. Professor an der Humboldt-Universität zu Berlin.

Dieter Hoffmann

MAX PLANCK

Die Entstehung der modernen Physik

Verlag C. H. Beck

Mit 18 Abbildungen im Text

Für Reina,
die auch noch nach 40 Jahren fehlende Kommata
und andere Zeichen setzt

Originalausgabe
© Verlag C. H. Beck oHG, München 2008
Satz: Fotosatz Reinhard Amann, Aichstetten
Druck und Bindung: Druckerei C. H. Beck, Nördlingen
Umschlagabbildung: © Archiv zur Geschichte
der Max-Planck-Gesellschaft, Berlin
Umschlaggestaltung: Uwe Göbel, München
Printed in Germany
ISBN 978 3 406 56242 6

www.beck.de

Inhalt

Vorwort

Konkreter Anlass für diese biographische Studie ist der 150. Geburtstag Max Plancks. Ihre Grundlage hat sie in einer nun schon jahrzehntelangen Beschäftigung mit dem Physiker, die hoffentlich bald in eine umfassende wissenschaftliche Biographie münden wird. Dieser muss es vorbehalten bleiben, das so reiche und umfangreiche Schaffen sowie die faszinierende Persönlichkeit Max Plancks in all seinen Facetten darzustellen.

Dem Charakter der Reihe entsprechend, versuche ich hier, die Grundzüge von Max Plancks Leben und Werk in gebotener Kürze einem breiten Lesepublikum zu vermitteln. Einige Aspekte konnten dabei nur am Rande oder gar nicht behandelt werden. Das betrifft etwa Plancks philosophisch-weltanschauliche Vorträge und die damit im Zusammenhang stehenden Auseinandersetzungen mit Ernst Mach und anderen Zeitgenossen. Selbst die Darstellung seiner tiefen Religiosität und das Drama seines persönlichen Lebens konnten lediglich kurz berührt werden wie auch die Auswirkungen von Plancks revolutionärer Tat auf die Ausformung unseres heutigen Weltbildes. Und doch hat der Band den Anspruch, die wesentlichen Lebensstationen und die zentralen Erkenntnisse Max Plancks darzustellen und so Anregungen für ein vertieftes Studium zu vermitteln. Neben der Lektüre soll dafür das Literatur- und Quellenverzeichnis erste Anregungen und Hinweise liefern. Durch seine Nummerierung erschließt es zugleich die im Text verwendeten Zitate, wobei kürzere ohne Quellenangabe bleiben und bei vielen archivalischen Verweisen nur der Herkunftsort, aber nicht en detail die Provenienz angegeben wird. Damit soll nichts verschleiert, sondern lediglich die Lesbarkeit verbessert und eine ungebührliche Ausweitung des Anmerkungsapparates vermieden werden. Der Leser mit ausgewiesenen historischen Ansprüchen möge dies freundlichst entschuldigen und sich beim Aufspüren der Quellen auch beim Autor selbst Hilfe holen.

Mein Dank gilt allen Archiven und Bibliotheken, die mir bei meinen Forschungen und Recherchen eine unschätzbare Hilfe waren – ein besonderer Dank gilt dabei dem Archiv der Max-Planck-Gesellschaft für die kollegiale und zuvorkommende Kooperation. Weiterhin sei an dieser Stelle all denen gedankt, die mit Anregungen, Kritik und Hinweisen nicht nur das Zustandekommen dieses Bändchens, sondern meine Beschäftigung mit Max Planck in den letzten Jahren generell befördert haben. Zuerst ist den Kollegen des interdisziplinären Projektes zur Geschichte der Quantenphysik am Max-Planck-Institut für Wissenschaftsgeschichte und namentlich seinem Direktor Jürgen Renn für das fördernde Interesse und anregende Diskussionen zu danken. Es bot den institutionellen Rahmen für die Entstehung dieser Studie.

Dem Verlag C. H. Beck habe ich für die Möglichkeit zu danken, diesen Zwischenbericht meiner Planck-Forschungen zu publizieren. Stefan Bollmann hat dabei mit Sachkenntnis, Kooperationsbereitschaft und viel Geduld die Drucklegung begleitet und Angelika von der Lahr zur sprachlichen Vervollkommnung des Manuskripts beigetragen.

Berlin, im Februar 2008 *Dieter Hoffmann*

I. Familie, Kindheit, Jugend

Max Karl Ernst Ludwig Planck wurde am 23. April 1858 in Kiel geboren. Die Plancks waren eine große, weitläufige und traditionsreiche Gelehrtenfamilie. Die väterliche Linie, die im Schwäbischen ihre Wurzeln hatte, wurde von Theologen und Juristen geprägt (A14). Einige von ihnen gehörten zu den führenden Gelehrten ihrer Zeit – so Gottlieb Planck, der in Göttingen als Rechtsprofessor lehrte und zu den Verfassern des Deutschen Bürgerlichen Gesetzbuches gehörte. In der mütterlichen, aus Norddeutschland stammenden Linie dominierten Staats- und Verwaltungsbeamte, hier gab es auch einige Pfarrer. Der Vater von Max Planck, Johann Julius Wilhelm Planck, war Rechtsprofessor und seit 1849 in zweiter Ehe mit Emma Patzig verheiratet. Sie stammte aus Greifswald, dort wirkte ihr Vater als Rechnungsrat in der Provinzialbehörde. Einnehmende Liebenswürdigkeit und ein lebhaftes Temperament, das sich zuweilen in impulsivem und leidenschaftlichem Handeln äußerte, sollen ihre hervorstechenden Charaktereigenschaften gewesen sein, so dass sie sich in den akademischen Kreisen von Basel, Greifswald, Kiel und München außerordentlicher Beliebtheit erfreute.

Letztere waren die Wirkungsstätten von Wilhelm Planck, der an den dortigen Universitäten Rechtswissenschaften gelehrt hatte. Im Jahre 1850 berief ihn die Christian-Albrechts-Universität zu Kiel auf den Lehrstuhl für Zivilprozessrecht. In der Landeshauptstadt Holsteins, das damals noch zum Staatsgebiet Dänemarks gehörte, erblickten Max Planck und vier seiner Geschwister das Licht der Welt; sieben Kinder waren insgesamt im Hause Planck. Solch Kinderreichtum, der damals für eine Akademikerfamilie nicht untypisch war, konnte standesgemäß nur bewältigt werden, wenn dem Haushalt entsprechendes Dienstpersonal zur Verfügung stand – vom Kindermädchen über die Haushaltshilfe bis zur Köchin. Max Planck war der zweitjüngste unter den sieben Geschwistern, zu denen ein Bruder und eine Schwester aus der ersten Ehe des Vaters sowie drei Brüder und eine Schwester aus der zweiten Ehe gehörten. Max Planck, der zu ihnen einen engen Kontakt hielt, überlebte sie alle. Überhaupt lässt sich feststellen, dass für Planck die familiären Bindungen ein hohes Gut waren. So besuchte man regelmäßig die Onkel, Tanten, Cousinen und Cousins, reiste in den Ferien zu den Verwandten an die Ostsee, nach Thüringen und vor allem nach Bayern, wo später der Grundnerhof am Tegernsee für Max Planck und seine Familie ein Refugium bildete. Es verwundert deshalb kaum, dass Max Planck nicht zuletzt von den familiären Traditionen und Lebensprinzipien geprägt wurde. So zählte für ihn nicht nur die Familie zu den zentralen Lebenskategorien, sondern in auffallender Weise waren gerade juristische und theologische Tugenden Merkmale seiner Persönlichkeit.

Auch wenn Kiel der Geburtsort von Max Planck war, so sind die prägenden Erlebnisse seiner Kindheit und Jugend nicht dort, sondern im bayerischen München zu finden. Dorthin war die Familie im Frühjahr 1867 übergesiedelt, nachdem die Ludwig-Maximilians-Universität Wilhelm Planck auf den Lehrstuhl für Zivilprozessrecht berufen hatte. Die Familie bezog im Münchener Zentrum, in der Briennerstraße 33, eine standesgemäße Wohnung. Von dort war es für den Vater nicht weit zur Universität, und auch die Schule des achtjährigen Max befand sich in fußläufiger Entfernung. Nachdem Max in Kiel die städtische Gelehrtenschule besucht hatte, wechselte er nun in die Sexta des renommierten Münchener Maximiliansgymnasiums, das damals gerade das Damenstiftgebäude in der Ludwigstraße, gegenüber der Bayerischen Staatsbibliothek, bezogen hatte. In der Schule gab es für den Heranwachsenden kaum Schwierigkeiten. Er war zwar nicht der Klassenprimus, doch gehörte er stets zu den Besten seiner Klasse und brachte im damals vierstufigen Bewertungssystem durchweg sehr gute und gute Noten nach Hause.

Die Klassenstärke lag damals selbst bei solchen Elite-Gymnasien wie dem «Max» bei weit über 30 Schülern (vgl. L15, S. 29 f.). In der Eingangsklasse zum Gymnasium saßen in Plancks Klasse 65 und im Abiturientenjahrgang noch 19 Mitschüler. Seine Mitschüler rekrutierten sich aus der bildungsbürgerlichen Oberschicht Münchens – unter ihnen findet man einen Sohn des Schriftstellers Paul Heyse, die Kinder der Bankiers- und Kaufmannsfamilien Merck und von Hoeßlin, in die Planck später einheiraten sollte. Ebenfalls zu seinen Mitschülern gehörten Oskar Miller, der ein Pionier der Elektrotechnik und Gründer des Deutschen Museums werden sollte, und Walther von Dyck, der sich später als Mathematiker und Wissenschaftsmanager einen Namen machte.

Das «Max» war ein humanistisches Gymnasium, dessen Unterricht ganz auf die «klassischen» Lehrinhalte ausgerichtet war. Im Mittelpunkt stand die Vermittlung der klassischen Sprachen Latein und Griechisch, wobei moderne Sprachen wie Englisch und Französisch erst in den höheren Klassen hinzukamen, aber auch dann nur eine sekundäre Rolle spielten. Zum damaligen Fächerkanon gehörten ebenfalls Deutsch und Mathematik sowie Geschichte, Geographie und Religion; einen naturwissenschaftlichen Unterricht im heutigen Sinne gab es nicht. Man beschränkte sich darauf, in den höheren Klassenstufen den mathematischen Lehrstoff durch astronomisches Grundwissen und Grundkenntnisse der Mechanik zu erweitern; ähnlich wurde mit weiterem naturwissenschaftlichen Elementarwissen verfahren, für das andere Fächergruppen zuständig waren. Solche Defizite der humanistischen Bildung, deren Unterschätzung der «Realien» schon Zeitgenossen kritikwürdig fanden, wurden durch eine intensive Ausbildung von Fähigkeiten wie logisches Denken und theoretisches Urteilsvermögen kompensiert. Dieser Umstand ermöglichte es, dass Planck – wie auch viele seiner Zeitgenossen – trotz mangelhafter schulischer Vorkenntnisse ein naturwissenschaftliches Studium höchst erfolgreich absolvieren konnte.

Der junge Planck war am Maximiliansgymnasium – wie es in einem seiner Schulzeugnisse heißt – «der Liebling seiner Lehrer u. seiner Mitschüler … bei aller Kindlichkeit ein sehr klarer, logischer Kopf», der «etwas Rechtes» zu werden versprach. Allerdings zeigte er zunächst keine besondere Begabung für die Mathematik oder die Naturwissenschaften. Vielmehr schienen die Stärken des Gymnasiasten im musischen und philologischen Bereich zu liegen. Darüber hinaus erhielt er fast jedes Jahr den Schulpreis in Religionslehre, und auch im «sittlichen Betragen» sowie im «Fleiß» verzeichnen die Planckschen Schulzeugnisse durchweg Einsen (A12). Weiterhin machte er sich bei den sonn- und festtäglichen Gottesdiensten als Orgelspieler einen Namen, und er glänzte zudem mit seiner hohen Sopranstimme im Kirchen- und im Schulchor. In den Familien des Bildungsbürgertums, zu denen seine Freunde und Mitschüler gehörten, wurden damals ausgiebig Hausmusik und Theater gespielt. Eine Tradition, die Planck zeitlebens pflegen sollte und bei der er sich schon als junger Gymnasiast hervortat. So übernahm er nicht nur Rollen in den schulischen Theaterinszenierungen, sondern bereicherte diese mit eigenen Liedkompositionen und Musikstücken; in seiner Studentenzeit hat er sogar eine Operette komponiert, «Die Liebe im Walde», die indes nicht überliefert ist.

Im Sommer 1874, gerade sechzehnjährig, legte er am Maximiliansgymnasium ein glänzendes Abitur ab – er war der Viertbeste der Klasse, und seine Abiturnoten bestanden ausschließlich aus Einsen und Zweien. Wie oft bei vielseitig Begabten und Musterschülern ist auch Max Planck die Wahl seines Studienfaches nicht leichtgefallen. Seine große Liebe zur Musik und die Begabung mit einem absoluten Gehör schienen zunächst ein künstlerisches Studium zu favorisieren, und noch zu Beginn seines Physikstudiums erwog er ernsthaft, Konzertpianist zu werden; die Altphilologie stand ebenfalls lange Zeit ganz oben auf der Liste seiner Studienwünsche. Dass er schließlich die Physik und Mathematik wählte, hat wohl nicht zuletzt damit zu tun, dass Max Planck auf dem Gymnasium einen erstklassigen und prägenden Mathematiklehrer hatte. An diesen Hermann Müller und seinen «ausgezeichneten Unterricht» erinnerte sich noch der über Achtzigjährige in seiner wissenschaftlichen Selbstbiographie voller Dankbarkeit als eines

> mitten im Leben stehenden scharfsinnigen und witzigen Mannes, der es verstand, die Bedeutung der physikalischen Gesetze, die er uns Schülern beibrachte, durch drastische Beispiele zu erläutern. So kam es, daß ich als erstes Gesetz, welches unabhängig vom Menschen eine absolute Geltung besitzt, das Prinzip von der Erhaltung der Energie wie eine Heilsbotschaft in mich aufnahm. Unvergeßlich ist mir die Schilderung, die MÜLLER uns zum besten gab, von einem Maurer, der einen schweren Ziegelstein mühsam auf das Dach eines Hauses hinaufschleppt. Die Arbeit, die er dabei leistet, geht nicht verloren, sie bleibt unversehrt aufgespeichert, vielleicht jahrelang, bis vielleicht eines Tages der Stein sich löst und unten einem Menschen auf den Kopf fällt. (P1, Bd. 3, S. 374)

Mit solch physikalischem Fundamentalwissen ausgestattet, befragte der Abiturient durch Vermittlung seines Vaters auch den Münchener Ordinarius für Physik, Philipp von Jolly, nach den Aussichten eines Physikstudiums. Dieser schilderte ihm

> die Physik als eine hochentwickelte, nahezu voll ausgereifte Wissenschaft, die nunmehr, nachdem ihr durch die Entdeckung des Prinzips von der Erhaltung der Energie gewissermaßen die Krone aufgesetzt sei, wohl bald ihre endgültige stabile Form angenommen haben würde. Wohl gäbe es vielleicht in einem oder dem anderen Winkel noch ein Stäubchen oder Bläschen zu prüfen oder einzuordnen, aber das System als ganzes stehe ziemlich gesichert da, und die theoretische Physik nähere sich merklich demjenigen Grade der Vollendung, wie sie etwa die Geometrie schon seit Jahrhunderten besitze. (P1, Bd. 3, S. 145)

Grundlegend Neues sollte es also in der Physik nicht mehr zu entdecken geben, doch machte diese Ansicht glücklicherweise auf Max Planck keinen nachhaltigen Eindruck – die Ironie der Geschichte wollte es sogar, dass ein Vierteljahrhundert später nicht zuletzt Plancks Schaffen diese von vielen Physikern des ausgehenden 19. Jahrhunderts geteilte Überzeugung ad absurdum führte.

Zum Wintersemester 1874/75 ließ sich Max Planck an der Münchener Ludwig-Maximilians-Universität für das Studium der Mathematik und Naturwissenschaften immatrikulieren. Er durchlief dabei den üblichen Ausbildungskanon, hörte insbesondere die Kursvorlesungen in Physik und Mathematik und wurde im physikalischen Praktikum mit den Grundlagen experimenteller Tätigkeit vertraut gemacht. Zu seinem eigentlichen akademischen Lehrer wurde der bereits erwähnte Philipp von Jolly. Dieser war ein Schüler von Gustav Magnus, dem Gründer der Berliner Physikerschule (vgl. L21), und soll nach Aussagen von Zeitgenossen «ein bewundernswerter Dozent von unübertrefflicher Klarheit und Eleganz der Darstellung» gewesen sein. Vorlesungen hörte Planck zudem bei Wilhelm Beetz in Physik sowie bei den Mathematikern Gustav Bauer und Ludwig Seidel. Seine akademischen Lehrer waren gute, wenn auch nicht überragende Gelehrte, die es jedoch als exzellente Dozenten verstanden, ihren Studenten neben dem wissenschaftlichen Handwerkszeug die Begeisterung für das von ihnen vertretene Fachgebiet zu vermitteln. Dass sie in wissenschaftlicher Beziehung nur lokale Bedeutung besaßen und den Durchschnitt der Zeit kaum überragten, merkte Planck spätestens in Berlin, wohin es ihn im vierten Studienjahr (1877/78) gemeinsam mit seinem Freund Carl Runge zog.

An der dortigen Friedrich-Wilhelms-Universität traf er auf Hermann von Helmholtz und Gustav Kirchhoff, die zu den herausragenden Physikern der zweiten Hälfte des 19. Jahrhunderts gehörten und die die Profilierung Berlins zu einer Hochburg der Physik von internationalem Rang nachhaltig vorantrieben. Beide Gelehrte machten auch auf den jungen Planck großen Eindruck und sollten seinen wissenschaftlichen Horizont «beträchtlich erweitern». Allerdings waren beide keineswegs Lehrer, deren Unterricht Planck begeisterte: Helmholtz frustrierte durch einen stockenden Vortrag, bei dem er sich – nach Aussage Plancks – wohl ebenso langweilte wie seine Studenten. Kirchhoff wiederum verschreckte die Studenten dadurch, dass er aus einem sorgfältig ausgearbeiteten Kollegheft vortrug, was «wie auswendig gelernt, trocken und eintönig» wirkte (P1, Bd. 3, S. 375). Man bewunderte so zwar das überragende Fachwissen der Dozenten, doch nicht deren Rhetorik und Verständlichkeit.

Abb. 1: Max Planck als Student, 1878

Planck fand somit auch in Berlin keinen Lehrer der theoretischen Physik, dessen Unterricht ihn befriedigte. Er beschloss deshalb, seine wissenschaftliche Fortbildung durch gezieltes Literaturstudium selbst in die Hand zu nehmen, wodurch ihm – wie er später einmal bedauernd festgestellt hat – «nicht das Glück zuteil geworden (ist), daß ein hervorragender Forscher oder Lehrer in persönlichem Verkehr auf die spezielle Richtung meines Bildungsganges Einfluß genommen hat» (P1, Bd. 3, S. 4).

Zunächst hatte er sich aber – wie überlieferte Vorlesungsmitschriften belegen – der Mühe unterzogen, die besuchten Vorlesungen nicht nur mitzuschreiben, sondern diese zu Hause auch noch sorgfältig nachzuarbeiten und detailliert auszuarbeiten. Darüber hinaus betrieb er ein ausgiebiges Selbststudium und vertiefte sich in die «Schriften unserer Meister», wobei er auf die Schriften von Rudolf Clausius stieß. Von diesen war er so begeistert, dass er von ihnen schließlich auf jenes Fachgebiet geführt wurde, dem er nicht nur seine Dissertation, sondern ein Großteil seines späteren wissenschaftlichen Schaffens widmete: der Thermodynamik und insbesondere deren zweitem Hauptsatz mit dem Entropiebegriff.

Bevor sich Planck in diesen Problemkreis vertiefen konnte, war zunächst das universitäre Pflichtpensum zu absolvieren und erfolgreich abzuschließen. Nach dem zweisemestrigen Berliner Intermezzo ins heimatliche München zurückgekehrt, unterzog sich Planck zunächst den Prüfungen des Staatsexamens für das Lehramt an höheren Schulen. Dieses bestand er im Oktober 1878 mit sehr gutem Erfolg. Damit hatte Planck die Voraussetzung, als Lehrer an einem Gymnasium zu unterrichten. Für die

Mehrzahl der damaligen Physikstudenten war dies als «Brotberuf» das eigentliche Studienziel, weil die Möglichkeiten einer akademischen Karriere sehr beschränkt waren und das Tätigkeitsfeld des Industriephysikers sich erst im Laufe des zwanzigsten Jahrhunderts entwickelt hat. Wer nicht in den Schuldienst wechselte, sondern eine Universitätskarriere anstrebte, setzte sein Studium fort und schloss es mit der Promotion ab; das Diplom als Regelabschluss wurde an deutschen Universitäten erst in den 1930er Jahren eingeführt. Der familiären Tradition und seinen eigenen Interessen entsprechend, war es für Planck wohl keine Frage, die akademische Karriere anzustreben. Dennoch stand auch er für kurze Zeit als «Schulherr» vor einer Klasse. Als nämlich Ende 1878 sein einstiger Mathematiklehrer am Maximiliansgymnasium erkrankte, nahm der frischgebackene Lehramtskandidat das Angebot an und übernahm in drei Klassen vertretungsweise den Mathematikunterricht. Für sechs Wochen hatte er nun die Grundlagen von Trigonometrie, Logarithmen und Potenzen zu vermitteln, was nach eigenem Bekunden für ihn eine sehr interessante Zeit war:

> ... nicht wegen der Wissenschaft an und für sich – denn das ewige Widerkäuen alter Sachen wird mit der Zeit entsetzlich langweilig –, sondern wegen des Verkehrs mit den Jungen, die doch wenigstens zum Theil Eifer für die Sache zeigen. Es gewährt unendliches Vergnügen, einen Andern zu belehren und zu sehen, wie das Mitgetheilte auf fruchtbaren Boden fällt und sich dort fortentwickelt. Die erste Bedingung ist freilich beim Schulunterricht: Disziplin, u. die hat mir allerdings manche Anstrengung gekostet. (M. Planck an C. Runge, München 9.12.1878; P11, S. 19)

Nach der Rückkehr an die Universität konzentrierte sich Planck im Winter 1878/79 ganz auf den Abschluss seiner Dissertation. Dem Freund in Berlin schrieb er:

> Da habe ich mich gleich wieder ans Studium gemacht und bin nun auch auf ein Thema zu einer Dissertation gekommen, das mich so beschäftigte, daß ich die ganze letzte Woche gar nichts Anderes denken konnte. Es ist aus der mechanischen Wärmetheorie und schließt

sich an den 2. Hauptsatz, über die Aequivalenz der Verwandlungen an. (M. Planck an C. Runge, München 9.12.1878; P11, S. 19)

Schon ein gutes Vierteljahr später konnte er stolz nach Berlin berichten, dass er seine Dissertation der Fakultät eingereicht habe und nun «geduldig harre, ob mir die Pforte zum Doktorexamen geöffnet werden wird» (M. Planck an C. Runge, München 4.3.1879; P11, S. 20). Planck konnte das Eintrittsbillet in die akademische Welt ohne Probleme lösen. Die Gutachter der Dissertation bescheinigten dem Kandidaten, «mit der Abhandlung ... weit mehr geleistet (zu haben), als gemeinhin von einer Inauguraldissertation verlangt wird», und lobten dessen «Selbständigkeit» bei Auswahl und Bearbeitung des Themas sowie die dabei gezeigte «Sachkenntnis» und ein tiefes «Nachdenken». Dieser Eindruck wurde auch in der mündlichen Prüfung, dem am 30. Mai durchgeführten «Examen rigorosum pro grade», bestätigt, als er im Hauptfach Physik sowie in den Nebenfächern Mathematik und Chemie ebenfalls überdurchschnittliche Kenntnisse zeigte. Wie das Prüfungsprotokoll notiert, stellten die Prüfer Philipp von Jolly (Experimentalphysik), Gustav Bauer (Mathematik) und Adolf von Baeyer (Chemie) «in collegialer Berathung das Bestehen der Prüfung fest, und es wurde dem Candidaten die Note I summa cum laude zuerkannt» (vgl. B37 sowie P11, S. 231 ff.). Bestandteil der Prüfung war damals noch eine zweistündige schriftliche Klausur, in der Planck Aufgaben aus verschiedenen Gebieten der Physik lösen musste. Seinen Abschluss fand das Promotionsverfahren dann vier Wochen später, am 28. Juni 1879, mit dem öffentlichen Promotionsvortrag über «Die Entwicklung des Begriffs der Wärme» sowie der Disputation von Thesen des Kandidaten. Diese waren im Übrigen nicht auf das Dissertationsthema beschränkt, sondern bezogen auch allgemeine Fragen ein – beispielsweise, ob «das Imaginäre für die Naturwissenschaft vollkommen bedeutungslos» oder ob «die Electricität nicht als eine besondere Art der Bewegung, sondern als ein Stoff aufzufassen ist» (P11, S. 236 f.).

Plancks Dissertation trägt den Titel «Ueber den zweiten

Hauptsatz der mechanischen Wärmetheorie» (P1, Bd. 1, S. 1–61) und ist im Wesentlichen eine Zusammenfassung von Arbeiten der Pioniere des Gebietes, namentlich der fundamentalen Untersuchungen von Rudolf Clausius. Das mag aus heutiger Sicht für den Charakter einer Promotionsschrift befremdlich erscheinen, doch sollte man nicht vergessen, dass die Thermodynamik damals noch in den Kinderschuhen steckte und gerade auch Clausius' Schriften über den zweiten Hauptsatz und zum Entropiebegriff viele Unklarheiten und Ungereimtheiten enthielten. Insofern war es ein Verdienst der Planck'schen Arbeit, hier größere Klarheit geschaffen und mit einigen Widersprüchen aufgeräumt zu haben. Insbesondere ging es Planck darum, die Begriffe von Entropie und Irreversibilität miteinander zu verknüpfen und zu zeigen, dass der Clausius'sche Entropiebegriff nicht zuletzt ein Maß für die Irreversibilität, d. h. die Unumkehrbarkeit eines physikalischen Prozesses, darstellt.

Trotz ihrer ausgezeichneten Bewertung war die Wirkung von Plancks wissenschaftlichem Erstlingswerk in der damaligen physikalischen Fachwelt praktisch «gleich Null»:

> Von meinen Universitätslehrern hatte, wie ich aus Gesprächen mit ihnen genau weiß, keiner ein Verständnis für ihren Inhalt. Sie ließen sie wohl nur deswegen als Dissertation passieren, weil sie mich von meinem sonstigen Arbeiten im physikalischen Praktikum und im mathematischen Seminar her kannten. Aber auch bei den Physikern, welche dem Thema an sich näher standen, fand ich kein Interesse, geschweige denn Beifall. Helmholtz hat diese Schrift wohl überhaupt nicht gelesen, Kirchhoff lehnte ihren Inhalt ausdrücklich ab ... An Clausius gelang es mir nicht heranzukommen, auf Briefe antwortete er nicht, und ein Versuch, mich ihm in Bonn persönlich vorzustellen, führte zu keinem Ergebnis, weil ich ihn nicht zu Hause antraf. (P1, Bd. 3, S. 378)

Dies muss für den jungen Planck deprimierend gewesen sein, doch zeigte schon der Zwanzigjährige Prinzipientreue. Konsequent hielt er am eingeschlagenen Weg fest, folgte der Richtung, die er als geboten erkannt hatte, sich nicht oder jedenfalls nicht nur darum kümmernd, ob dies nun der vermeintlichen Fachwelt gefiel oder nicht. Bereits im folgenden Jahr legte er der Münchener Fakultät seine Habilitationsschrift vor. Diese trägt den Titel «Gleichgewichtszustände isotroper Körper in verschiedenen Temperaturen» (P1, Bd. 1, S. 62–124) und stellt eine Weiterentwicklung seiner Dissertationsschrift dar, indem sie deren allgemeine Erkenntnisse auf die Lösung spezieller physikochemischer Probleme anwendet. Nachdem Planck im Probevortrag und in der sich anschließenden Diskussion seine wissenschaftlichen Qualitäten unter Beweis gestellt hatte, befürwortete die Fakultät die Habilitation «aufs Wärmste», so dass am 14. Juni 1880 der öffentliche Habilitationsakt stattfinden konnte. Im entsprechenden Protokoll ist darüber nachzulesen:

> Montag, den 14t. Juni, fand nach Ergehen der vorschriftsmäßigen Einladungen die öffentliche Probevorlesung über das von dem Gesuchsteller 3 Tage vorher durch das Loos gewählte von Herrn Professor v. Jolly gegebene Thema «Über die Prinzipien der mechanischen Gastheorie» und die daran sich knüpfende öffentliche Disputation statt.
> Die Probevorlesung dauerte von $4^1/_4$ bis $4^3/_4$ Uhr; die hierauf folgende Disputation über Sätze aus der Habilitationsschrift und der Probevorlesung von $4^3/_4$ bis $5^1/_2$ Uhr. An der Disputation betheiligten sich die Herren v. Jolly, Seidel und Bauer.
> Nach Schluß des öffentlichen Habilitationsaktes trat die Fakultät in Berathung über das Resultat desselben. Es wurde dasselbe einstimmig als ein in hohem Maße befriedigendes bezeichnet. (P11, S. 244)

Damit hatte Max Planck, gerade 22-jährig, die höchste akademische Prüfung bestanden und wurde durch königliche Order «allergnädigst» als Privatdozent in die philosophische Fakultät der Münchener Ludwig-Maximilians-Universität aufgenommen. Er gehörte nun dem exklusiven Kreis der Hochschullehrer an. Zum Wintersemester 1880 kündigte er seine erste Vorlesung an: «Über analytische Mechanik»; viermal wöchentlich, verbunden mit einer Übung. In den folgenden Jahren baute Planck seine Lehrveranstaltungen zu einem Zyklus aus, der alle wichtigen Teilgebiete der Physik, von der Mechanik über Elastizität und Hydrodynamik bis zur Optik und Elektrizitätslehre, aus theoretischer Sicht systematisch behandelte (A9). Allerdings war die Privatdozentur unbesoldet, und dem Lehrenden standen nur die relativ geringen Kolleggelder seiner Studenten zu. Da es sich bei seinen Lehrveranstaltungen um Spezial- und nicht um Kursvorlesungen handelte – Letztere blieben dem jeweiligen Ordinarius vorbehalten –, blieb der Kreis der Zuhörer beschränkt und belief sich meist auf nicht mehr als zehn Studenten. Ein von den Eltern unabhängiges Leben ließ sich mit den daraus gewonnenen Einkünften nicht führen, so dass auch der frischgebackene Universitätsdozent seinem Vater weiterhin «auf der Tasche» lag und nach wie vor in der elterlichen Wohnung in der Münchener Barerstraße logierte. Dass dies zwar ohne Klagen hingenommen wurde, doch auch im ausgehenden 19. Jahrhundert für einen jungen Mann nicht problemlos war, machen Plancks entsprechende Äußerungen in seiner Autobiographie deutlich: «... wenn ich auch im Elternhaus das denkbar schönste und behaglichste Leben führte, so war der Drang nach Selbständigkeit doch immer stärker in mir geworden, und ich sehnte mich nach der Gründung eines eigenen Haushaltes.» (P1, Bd. 3, S. 380)

Um diesen unbefriedigenden Zustand zu beenden, musste Planck sich möglichst schnell sowohl als Forscher wie auch als Lehrender in der Wissenschaft einen Namen machen, um auf diese Weise sein Anrecht auf eine frei werdende Professur anzumelden. Dass Planck auch in dieser Hinsicht Prinzipientreue zeigte und nicht bedingungslos seine akademische Karriere betrieb, macht die Tatsache deutlich, dass er 1883 einem Ruf der Forstakademie in Aschaffenburg nicht folgte. Hier wäre er als Physiker, zumal als Theoretiker, wissenschaftlich sicherlich so isoliert gewesen, dass dies leicht in eine Sackgasse seiner beruflichen Karriere hätte führen können. Freilich war das Risiko der Ablehnung kalkulier- und auch tragbar, hatte er sich doch vor seinem Entschluss mit keinem Geringeren als Hermann von Helmholtz, dem damaligen «Reichskanzler der Physik», beraten. Dieser sagte der theoretischen Physik und auch Planck persönlich gute Zukunftsaussichten voraus und bestärkte ihn in seinem Ziel, sich ganz auf die theoretische Physik zu konzentrieren; nicht zuletzt war auch Plancks Vater bereit und in der Lage, für den Unterhalt seines Sohnes auf absehbare Zeit weiter zu sorgen.

Allerdings brauchte Planck nicht mehr lange zu warten, denn im Frühjahr 1885 wurde er anlässlich eines Besuchs von Friedrich Althoff in München, dem allmächtigen Ministerialdirektor der preußischen Wissenschaftsverwaltung, ins Hotel Marienbad bestellt, wo dieser ihm eine Berufung an die Universität seiner Heimatstadt Kiel in Aussicht stellte. In einer Protokollnotiz über dieses Treffen vermerkte Althoff: «Hr. Dr. Planck hat mir einen ausserordentlich günstigen Eindruck gemacht, sowohl durch sein bescheidenes Wesen wie durch die Klarheit und Bestimmtheit in der Erörterung wissenschaftl. Probleme.» (A2, Nr. 142)

Dem Gespräch vorangegangen waren interne Sondierungen der Kieler Universität, die sich in der zurückliegenden Zeit bereits intensiv darum bemüht hatte, am Physikinstitut die Stelle eines theoretischen Physikers einzurichten (A10). In dem jungen und seit 1883 in Kiel als Privatdozent wirkenden Heinrich Hertz stand dafür auch ein geeigneter Kandidat zur Verfügung. Allerdings folgte dieser im Dezember 1884 einem Ruf der TH Karlsruhe, wo er als Direktor des Physikinstituts auch experimentell arbeiten konnte und ihm wenig später der spektakuläre Nachweis der elektromagnetischen Wellen gelingen sollte. Bei den Sondierungen für einen geeigneten Nachfolger war die Kieler Fakultät auf Max Planck aufmerksam geworden, der – wie es im Bericht des Dekans vom Februar 1885 heißt – «unter den jüngeren Dozenten der theoretischen Physik die längste und erfolgreichste Thätigkeit aufweist» und sich in seinen Schriften «als scharfsinniger Gelehrter (erweist), der mit besonderer Klugheit schwierige Probleme zu behandeln versteht» (A2, Nr. 141). Da man über Plancks Situation in München gut informiert war, hegte man die Hoffnung, dass dieser dem Ruf aus Kiel sofort folgen werde, und forderte das Preußische Kultusministerium auf, dies durch die umgehende Etatisierung der Stelle zu befördern. Im Übrigen scheint Plancks Berufung nach Kiel durch private Beziehungen und väterliche Protektion zusätzlich gefördert worden zu sein, denn in seiner Autobiographie zählt

Planck seine Begegnung mit Althoff nicht nur «zu den glücklichsten (Augenblicken) meines Lebens», sondern er bekennt zudem freimütig:

> Freilich vermutete ich nicht zu Unrecht, daß ich diesen Glücksfall nicht eigentlich meinen wissenschaftlichen Leistungen zu verdanken hatte, sondern vielmehr dem Umstand, daß der Kieler Professor der Physik Gustav Karstens ein naher Freund meines Vaters war. (P1, Bd. 3, S. 380)

Wie dem auch sei, Planck wechselte zum Sommersemester 1885 als außerordentlicher Professor für theoretische Physik von München an die Universität Kiel. Dort konnte er in den folgenden Jahren mit seinem Wirken erfolgreich zeigen, dass es für seine Berufung eigentlich keiner Protektion bedurft hätte. In den vier Jahren seiner Kieler Wirkungszeit vermochte er nicht nur seinen Ruf als talentierter und innovativer theoretischer Physiker weiter zu festigen und mit seinen Arbeiten unter den Fachkollegen zunehmend wissenschaftliche Aufmerksamkeit und Anerkennung zu gewinnen, auch als Lehrkraft schien er sich zu bewähren, vermerkt doch ein Gutachten aus jener Zeit: «Die Studenten hören sehr gern bei ihm, und er weiß sie anzuregen.» (B12, S. 136)

Mit der Kieler Professur war ein Jahresgehalt von 2000 Mark nebst dem üblichen Wohnungsgeldzuschuss und den Kolleggeldern verbunden. Ein Gehalt, das zwar deutlich über den Einkünften eines qualifizierten Arbeiters oder einfachen Angestellten lag – das Statistische Jahrbuch weist hier ein Jahreseinkommen von etwa 900 Mark aus –, doch keineswegs als üppig anzusehen war. Allerdings war es ausreichend, um endlich einen eigenen und standesgemäßen Hausstand zu gründen. Obwohl Planck noch im Sommer 1886 gegenüber seinen Freunden erklärt hatte, dass in seiner Kieler Tischgesellschaft die Verlobung «strenge verpönt (ist) u. sehr hoch bestraft (wird)» (P11, S. 101), war er dann doch wenige Wochen später verlobt. Die Auserwählte war eine Münchener Jugendfreundin, Marie Merck, die aus einer wohlbetuchten Bankiers- und Unternehmerfamilie stammte und mit deren Brüdern er das Gymnasium besucht hatte. Seinen Freunden schrieb er im Herbst 1886 vom Grundnerhof, dem Merck'schen Feriendomizil am Tegernsee:

> Jetzt sind wir zu zweit ... Auch an mir hat sich das gemeiniglich unabwendbare Schicksal vollzogen, und so schnell, dass ich heute schon in der Lage bin, mich für Eure lieben freundlichen Glückwünsche, die mir jeder einzeln besonders wohlgetan haben, zu bedanken. Von einem Bräutigam darf man nicht viel Aeusserungen verlangen, er hat so Viel Neues u. Ungeahntes im Innern durchzumachen, dass es einige Zeit dauert, bis sich Alles so gehörig gesetzt u. geordnet hat, um ans Tageslicht treten zu können. (P11, S. 103)

Bereits im Frühjahr 1887 wurde Hochzeit gehalten, und im folgenden Jahr konnte er seinen Freunden stolz berichten,

> dass mir am 9. März d. J. ... ein Sohn geboren ist, der nächsten Sonntag d. 22. d. M. den Namen Karl erhalten wird ... Vorläufig genügt er den Anforderungen, die das Leben an sich stellt, in ganz normaler Weise, gestern haben wir sogar das erste Lächeln zu entdecken geglaubt. (P11, S. 105)

Schon im April des nächsten Jahres folgten die Zwillinge Grete und Emma sowie 1893 schließlich Erwin. Max Planck wurde ein ausgesprochener «Familienmensch», der es mochte, «einmal alles Andere bei Seite zu legen und nur ganz in der Familie zu leben» (M. Planck an C. Runge, München 31.7.1877; A3), und der sich eigentlich nur dort «ganz menschlich und temperamentvoll ... gegeben» hat (Marga Planck an A. Einstein, Göttingen 1.2.1948; A20). Allerdings war das Privatleben Plancks von großer Tragik überschattet, denn seine Frau starb bereits 1909 nach langer Krankheit, und auch seine Kinder aus dieser Ehe hat er alle überlebt: Sein Sohn Karl fiel 1916 im Ersten Weltkrieg, die Zwillinge starben 1917 bzw. 1919 beide im Wochenbett, und der ihm besonders nahe stehende Erwin wurde als Mitverschwörer des 20. Juli im Januar 1945 von den Nationalsozialisten ermordet. Bereits zwei Jahre nach dem Tod von Marie Merck hat sich Planck wieder verheiratet, mit Margarethe von

Abb. 2: Die Familie Planck um 1900.
Stehend: Max Planck mit dem ältesten Sohn Karl;
sitzend: Marie Planck mit den Zwillingstöchtern Grete und Emma sowie Erwin.

Hoeßlin, einer Nichte seiner ersten Frau. Aus dieser Ehe ging 1911 der Sohn Hermann hervor, der indessen mancherlei Anlass zu Sorgen gab und immer im Schatten seines älteren Stiefbruders Erwin, des «engsten Vertrauten» von Max Planck, stand.

2. Thermodynamik und theoretische Physik

Max Planck hatte mit der Dissertation und Habilitation das Thema gefunden, das sein gesamtes wissenschaftliches Schaffen bestimmen sollte: die Thermodynamik bzw. mechanische Wärmetheorie, wie man sie im Deutschland des ausgehenden 19. Jahrhunderts auch nannte. Diese ist fast gänzlich ein Kind des frühen 19. Jahrhunderts. Sie hat ihre Wurzeln in der Wärmelehre und in der wissenschaftlichen Auseinandersetzung mit den physikalischen Umwandlungsprozessen in Dampf- und anderen Wärmekraftmaschinen sowie der Optimierung von deren Wirkungsgraden. Ein Meilenstein in dieser Entwicklung war die Formulierung des Energieprinzips. Der sogenannte erste Hauptsatz der Wärmelehre besagt, dass Energie weder erzeugt noch vernichtet werden kann. Eine Energieform, z. B. die Wärme, kann nur in eine andere, z. B. mechanische Arbeit, übergehen. Diese Erkenntnis und ihre empirische Bestätigung war eine Entdeckung, die in den 1840er Jahren fast gleichzeitig und unabhängig voneinander verschiedenen Gelehrten mit höchst unterschiedlicher wissenschaftlicher Ausrichtung gelang – zu ihnen gehörten der Heilbronner Arzt Julius Robert Mayer, der englische Physiker James Prescott Joule, der dänische Ingenieur Ludwig Colding und nicht zuletzt der Militärarzt und Physiker Hermann von Helmholtz in Berlin, um nur die wichtigsten Protagonisten des Energieerhaltungssatzes zu nennen.

Mit der Energie und ihrem Erhaltungsprinzip hatten die Physiker endlich eine Größe inklusive ihres Umwandlungsgesetzes gefunden, mit der sich viele Vorgänge in Natur und Technik – von den Umwandlungsprozessen in der Dampfmaschine bis hin zu mechanischen, elektromagnetischen und biologischen Phänomenen – schlüssig beschreiben und verstehen ließen. Allerdings stieß man sehr schnell bei der Beschäftigung mit dem Energieprinzip auf das Problem, dass dieses keine Aussage über die Richtung der Umwandlungsprozesse macht und offensichtlich in der Natur und Technik nicht jeder denkbare Energieaustausch stattfindet. Wirft man beispielsweise einen Eiswürfel in heißes Wasser, so wird man stets erleben, dass das heiße Wasser den Eiswürfel zum Schmelzen bringt und damit die Temperatur des Wassers abgesenkt wird, niemals aber, dass die Restwärme des Eiswürfels das wärmere Wasser weiter erhitzt oder gar zum Kochen bringt.

Bei der Auseinandersetzung mit solchen Fragen und den Schriften der französischen Physiker Sadi Carnot und Benoît Paul Clapeyron entdeckte Rudolf Clausius im Jahr 1850, damals als Gymnasiallehrer in Berlin tätig, ein weiteres Grundgesetz der Thermodynamik, den sogenannten zweiten Hauptsatz der Thermodynamik. Er besagt, dass eine selbständige Übertragung von Wärme bzw. Energie nur von heißen zu kalten Körpern, niemals aber umgekehrt möglich ist. Fast gleichzeitig und unabhängig von Clausius hat auch der englische Physiker William Thomson, der spätere Lord Kelvin, dieses Naturgesetz entdeckt und ihm die Form gegeben, dass Prozesse, die mechanische Arbeit auf Kosten der Abkühlung eines Wärmereservoirs erzeugen, unmöglich sind. Allgemeiner formuliert: Nicht alle Prozesse, die nach dem ersten Hauptsatz erlaubt sind, werden in der Natur realisiert. Damit stellt der zweite Hauptsatz ein zusätzliches Selektionsprinzip der Natur dar. Diese und speziell natürlich thermodynamische Systeme haben neben der Energie eine zweite charakteristische Größe: die Entropie. Auch wenn die volle Anerkennung dieser Erkenntnis geraume Zeit auf sich warten ließ, haben die Arbeiten von Clausius und Thomson nicht nur die Weichen für die weitere Entwicklung der Physik, sondern für die Naturwissenschaft und Technik insgesamt gestellt. Clausius selbst gelangte in seinen späteren Arbeiten zu immer allgemeineren Formulierungen des zweiten Hauptsatzes. Die Form, die heute gültig ist, formulierte er im Jahr 1865 auf einer Sitzung der Naturforschenden Gesellschaft in Zürich, wo Clausius seit 1855 an der Technischen Hochschule (ETH) wirkte. Er führte damals den Quotienten der von einem Körper aufgenommenen Wärmemenge (dQ) und seiner Temperatur (T) ein und bezeichnete diese Größe als Änderung der Entropie (dS):

$$dS = \frac{dQ}{dT}$$

Dabei verwandte Clausius anstelle des heutigen Begriffs der Entropie noch den Terminus «Verwandlungswert». Unter Verwendung des Entropiebegriffs lautet der zweite Hauptsatz der Thermodynamik: Entropie kann erzeugt, aber niemals vernichtet werden.

Die Wissenschaft verdankt Clausius nicht nur die Formulierung dieses neuen Naturgesetzes, die bis heute keine wesentlichen Modifikationen erfahren hat, sondern auch den Nachweis der enormen Fruchtbarkeit und praktischen Anwendungsmöglichkeiten des Prinzips. Clausius hat in seinen späteren Arbeiten neben idealisierten Kraftmaschinen bereits Prozesse des Verdampfens und Einfrierens von Flüssigkeiten sowie thermoelektrische und chemische Prozesse untersucht.

An diese Untersuchungen knüpfte Max Planck unmittelbar an. Seine Inauguraldissertation von 1879 war noch eine weitgehende Exegese der Clausius'schen Schriften. Da diese mancherlei Widersprüche und Unklarheiten enthielten, die von Planck klargestellt wurden, hatte seine Promotionsschrift nicht nur rezeptiven Charakter. In einem wichtigen Punkt geht sie zudem über Clausius hinaus, denn für Planck ist der zweite Hauptsatz ein Naturgesetz, «dem alle Veränderungen der Natur» folgen (P1, Bd. 1, S. 1). Clausius wollte beispielsweise den zweiten Hauptsatz nur auf reversible Vorgänge und thermische Prozesse angewandt wissen. Darüber hinaus drang Planck bei seiner intensiven Auseinandersetzung mit den Clausius'schen Gedankengängen tief in das Wesen des Entropiebegriffs ein und versuchte, diesen so schwierigen Begriff so präzise wie möglich zu fassen und auf möglichst viele physikalische und chemische Phänomene anzuwenden. Vor allem stellte er heraus, dass neben der Energie die Entropie die wichtigste Eigenschaft eines physikalischen bzw. thermodynamischen Systems ist und sie nicht nur seinen Ordnungszustand charakterisiert, sondern vor allem auch ein Maß für die Irreversibilität eines Prozesses darstellt. Irreversible Prozesse sind immer mit Entropieerzeugung verbunden, wogegen in reversiblen Prozessen die Entropie konstant bleibt; in isolierten Systemen kann die Entropie niemals abnehmen.

Abb. 3: Rudolf Clausius (1822–1888), dessen Untersuchungen zum Entropiebegriff den jungen Max Planck nachhaltig beeinflusst haben.

Diese Erkenntnis wurde von Planck in den Jahren, in denen er als Privatdozent und junger Professor in München und Kiel wirkte, immer wieder thematisiert, da sie damals bei vielen Fachkollegen auf Skepsis und Unverständnis stieß: «Ich war eigentlich damals der einzige Theoretiker und hatte es daher nicht so ganz leicht, weil ich mit meiner Entropie hervorkam, und die war damals nicht sehr beliebt, weil sie ein mathematisches Gespenst war.» (B6, S. 153)

Zu Plancks damaligen Bemühungen, die allgemeine Durchsetzung des Entropriebegriffs zu befördern, gehörte eine Serie von Abhandlungen «Über das Princip der Vermehrung der Entropie» aus dem Jahr 1887, in denen mit großer Klarheit und Ausführlichkeit die grundsätzliche Bedeutung des Gesetzes von der Entropievermehrung und der Begriffe Reversibilität und Irreversibilität diskutiert wurden. Dabei machte er deutlich, dass das Gesetz der Entropievermehrung nicht allein auf thermische Prozesse beschränkt ist, sich vielmehr «auf alle uns bekannten physikalischen und chemischen Erscheinungen erstreckt» (P1, Bd. 1, S. 196). In diesem Sinne wurden in dieser Aufsatzserie systematisch und en detail die Bedingungen des thermischen Gleichgewichts zwischen zwei Körpern, die Gesetze chemischer Reaktionen, die Dissoziationsgesetze sowie die Reaktionen in Gasgemischen diskutiert. In einem abschließenden Aufsatz entwarf Planck schließlich eine allgemeine Theorie thermodynamischer und chemischer Reaktionen.

Bei seiner Beschäftigung mit dem Entropiebegriff folgte

Planck in einem Punkte nicht seinem Vorbild und dem Weg vieler Thermodynamiker seiner Zeit, die der molekularen bzw. wahrscheinlichkeitstheoretischen Begründung des Entropiebegriffs den Vorzug gaben. Ludwig Boltzmann hatte im Jahr 1877 auf dieser Basis den grundlegenden Zusammenhang zwischen den mikroskopischen Zuständen eines Systems und dessen makroskopischen Eigenschaften bzw. makroskopischer Realisierung erkannt und die Entropie (S) mit dem Logarithmus der Anzahl der mikroskopischen Konfigurationsmöglichkeiten für einen bestimmten Zustand (W) durch die Beziehung

$$S \sim \log W$$

verknüpft (L1). Obwohl die Beziehung $S = k \ln W$ den Grabstein Boltzmanns schmückt, hat Planck nicht nur den Proportionalitätsfaktor k, die Boltzmann-Konstante, eingeführt, sondern wohl auch die obige Beziehung als Erster in dieser Form aufgeschrieben. Auf dieser atomistischen und wahrscheinlichkeitstheoretischen Grundlage meinte Boltzmann, den zweiten Hauptsatz beweisen und auch mit der Irreversibilität, d. h. dem Zeitbegriff, verknüpfen zu können. Da Wahrscheinlichkeitsaussagen jedoch keinen «Absolutheitsanspruch» besitzen und immer Ausnahmen zulassen, stand Planck diesem Ansatz wie der atomistischen Theorie überhaupt sehr skeptisch gegenüber. Der von ihm angestrebte Nachweis der «ausnahmslosen Gültigkeit des zweiten Hauptsatzes» war auf diesem Wege eben grundsätzlich nicht zu erzielen. Wegen seiner großen Allgemeinheit und Absolutheit sollte nach Planck bei der Begründung des zweiten Hauptsatzes auf den Gebrauch irgendwelcher spezieller Hypothesen und namentlich des Atomismus verzichtet werden. Daher wählte er bei seinen grundlegenden Überlegungen zum zweiten Hauptsatz und dem Entropiebegriff einen konsequent phänomenologischen Ansatz und versuchte diesen auch in den meisten seiner frühen thermodynamischen Arbeiten auszuführen. Am deutlichsten hat er diesen Standpunkt in seinem Aufsatz aus dem Jahr 1881 über «Verdampfen, Schmelzen und Sublimiren» formuliert, wo er zum Schluss ausdrücklich darauf hinweist, dass

> der zweite Hauptsatz der mechanischen Wärmetheorie, consequent durchgeführt, unverträglich mit der Annahme endlicher Atome ist … verschiedenartige Anzeichen (scheinen mir) darauf hinzudeuten, dass man trotz der grossen bisherigen Erfolge der atomistischen Theorie sich schliesslich doch noch einmal zu einer Aufgabe derselben und zu Annahme einer continuierlichen Materie wird entschliessen müssen. (P1, Bd. 1, S. 163)

Planck irrte in diesem Punkt. Seine späteren Forschungen zur Wärmestrahlungstheorie und vor allem die Begründung seiner Strahlungsformel haben ihm schließlich selbst die Bedeutung des wahrscheinlichkeitstheoretischen Konzepts nahegebracht und gezeigt, dass nur auf atomistischer Grundlage und mit Hilfe der kinetischen Gastheorie ein schlüssiges Verständnis von Entropie und Irreversibilität zu erzielen ist. Bis dahin hat er aber noch in einer Fülle von Arbeiten eindrucksvoll die große Leistungskraft der phänomenologischen Thermodynamik bei der Lösung konkreter physikochemischer Probleme demonstriert. Grundlage für diese Arbeiten war seine Habilitationsschrift, in der bereits ein Programm für die Anwendung des zweiten Hauptsatzes und des Entropiekonzeptes auf konkrete physikochemische Systeme skizziert und für einige spezielle Prozesse wie der Änderung des Aggregatzustandes auch schon näher ausgeführt wurde.

Zu den Kernpunkten des Planck'schen Entropieverständnisses gehört die Erkenntnis, dass das Maximum der Entropie den Gleichgewichtszustand kennzeichnet und sich daher aus der Kenntnis der Entropie alle Gesetze thermodynamischer Gleichgewichtszustände ergeben – eine Auffassung, die Grundlage unseres modernen Verständnisses von thermodynamischen Gleichgewichten ist. Das Studium von Gleichgewichtsprozessen steht so nicht zufällig im Zentrum seiner thermodynamischen Forschungen (P15; S11). Ausgehend von den Ausführungen seiner Habilitationsschrift, vertiefte er in weiteren Arbeiten das Studium der Koexistenz von Aggregatzuständen, wie Stoffe fest, flüssig oder gasförmig werden.

Darüber hinaus wurde das Gleichgewicht von Gasreaktionen

untersucht, wobei Planck in seinem Aufsatz «Über das thermodynamische Gleichgewicht von Gasgemengen» aus dem Jahr 1883 (P1, Bd. 1, S. 164–184) erstmals die von Helmholtz kurz zuvor eingeführte thermodynamische Funktion der freien Energie erfolgreich anwendete. Die Planck'schen Arbeiten führen unmittelbar in das Gebiet der chemischen Thermodynamik hinüber, und die Anwendung der thermodynamischen Methoden und Erkenntnisse auf chemische Prozesse ist ohne sie kaum möglich. Gerade die in der zweiten Hälfte des 19. Jahrhunderts expandierende chemische Industrie und insbesondere die Großproduktion von Düngemitteln waren an solchen Erkenntnissen dringend interessiert, da ohne dieses Wissen chemische Großprozesse nicht oder nur unzureichend beherrschbar sind bzw. ineffizient ablaufen. Insofern folgten Plancks Untersuchungen wohl nicht allein der «göttlichen Neugier», sondern wurden vermutlich auch von diesen praktischen Kontexten getragen – konkrete Belege dafür lassen sich in den Publikationen und der spärlich überlieferten Korrespondenz von Planck jedoch nicht finden.

Ein anderer Forschungsgegenstand dieser frühen Schaffensperiode Plancks waren die thermoelektrischen und elektromotorischen Kräfte in Elektrolyten. Überhaupt bildete das Studium der elektrischen Vorgänge in Lösungen einen Schwerpunkt seiner thermodynamischen Forschungen aus den 1880er und frühen 1890er Jahren. So gelang es ihm beispielsweise, die Abhängigkeit des Leitvermögens von der Verdünnung theoretisch abzuleiten, was ihn zum Begründer der modernen Elektrolyttheorie machte. «Überall zeigten sich», wie Planck später selbst bekannte, «fruchtbare Ergebnisse.» (P1, Bd. 3, S. 379) Die wohl wichtigste und scharfsinnigste Leistung gelang Planck mit der theoretischen Erklärung der 1886 von François Raoult und Jacobus Henricus van 't Hoff empirisch gefundenen Bedingungen für die Gefrier- und Siedepunktänderung verdünnter Lösungen (P1, Bd. 1, S. 232–273).

Mit all diesen Arbeiten hat Planck zur theoretischen und begrifflichen Fundierung der physikalischen Chemie beigetragen und darüber hinaus die weitere Ausgestaltung der phänomenologischen Thermodynamik entscheidend gefördert. Viele der Planck'schen Erkenntnisse haben auch heute noch Bestand, insbesondere in der Elektrolyttheorie (M10, S. 11–34).

Diese teilweise bahnbrechenden wissenschaftlichen Ergebnisse machten Planck zu einem der führenden Thermodynamiker seiner Zeit. Allerdings wird sein Erfolg dadurch geschmälert, dass die meisten seiner Erkenntnisse über die Eigenschaften physikalisch-chemischer Gleichgewichte unabhängig von ihm noch von einem amerikanischen Physiker entdeckt wurden – von Josiah Willard Gibbs. Dieser wirkte am damals noch wenig bekannten Yale College in New Haven, und seine entsprechenden Forschungsresultate waren ab 1876 in den Transactions dieser Universität publiziert worden, was jedoch Planck und anderen europäischen Physikern entgangen war. Amerika gehörte damals noch nicht zu den führenden Wissenschaftsnationen, und Forschungsergebnisse, die man nicht in europäischen und insbesondere nicht in deutschen wissenschaftlichen Zeitschriften publizierte, wurden leicht übersehen, was ihre Rezeption behinderte. Dies traf gerade auch für die Gibbs'schen Arbeiten zu, die ebenfalls die zentrale Rolle des Entropiebegriffs propagierten und auf dieser Grundlage ein noch weiter reichendes Forschungsprogramm als das Planck'sche zur Untersuchung der thermodynamischen Grundgesetze chemischer Gleichgewichtszustände durchführten (L40). Diese Aufsätze sind erst in den späten 1880er Jahren in Europa rezipiert worden, ihre deutsche Übersetzung erfolgte sogar erst 1892. Planck hat jedoch die Priorität der Gibbs'schen Leistung uneingeschränkt anerkannt. Dabei handelte es sich bei den Arbeiten von Gibbs und Planck um keine einfache Doppelung, sondern vielmehr um alternative Wege, die Thermodynamik physikochemischer Gleichgewichtsprozesse zu verstehen. Betrachtete Planck den irreversiblen Prozess, der zum thermodynamischen Gleichgewicht führt, so studierte Gibbs das Gleichgewicht selbst, wobei er die Extremaleigenschaften der thermodynamischen Funktionen und ihre geometrische Darstellung benutzte. Letzteres ist zwar sehr viel eleganter und auch praktischer, weshalb sich dies auch recht schnell durchsetzen konnte und allgemein akzeptiert wurde, doch ist Plancks Ansatz, vom Prinzip der Entropievermehrung auszugehen, eigentlich von größerer Allgemeinheit.

Plancks frühe thermodynamischen Forschungen und das Gefühl, dass er mit diesen in der Fachwelt zunächst keinen echten wissenschaftlichen Durchbruch erzielen konnte, ließen ihn einen Abstecher in die Physikgeschichte machen. In der Hoffnung, durch den Gewinn eines renommierten Preises Anerkennung und Aufmerksamkeit zu erringen, beteiligte er sich an einer Preisaufgabe der Philosophischen Fakultät der Universität Göttingen. Diese war 1884 gestellt worden und verlangte Aufschluss «Über das Wesen der Energie». Neben historischen Exkursen über die Entwicklung des Energiebegriffs, zur Entdeckungsgeschichte des Energieprinzips und seiner Protagonisten finden sich in der Planck'schen Preisschrift, die im Jahr 1887 unter dem Titel «Das Princip der Erhaltung der Energie» publiziert wurde (P2), ausführliche Auslassungen über eine allgemeine physikalische Definition des Energiebegriffs sowie die verschiedenen Formen, in die sich der Energieerhaltungssatz physikalisch fassen lässt. Insofern stellte das Buch auch eine Fortsetzung von Plancks aktueller physikalischer Forschung dar. Dies kommt insbesondere im Schlussabschnitt des Buches zum Ausdruck. Dort wird ausführlich diskutiert, wie das Energieprinzip zur Grundlage für eine einheitliche Darstellung der in der gesamten Physik gültigen Gesetzmäßigkeiten werden kann.

Die Göttinger Akademie sprach Planck den zweiten Preis zu, wobei er sich sogar als Sieger des Wettbewerbs fühlen durfte, da kein erster Preis vergeben wurde. Die Juroren lobten insbesondere «die methodische Denkart, die gründlich mathematisch-physikalische Bildung des Verfassers, die Besonnenheit seines Urteils» (P2, S. XX). Dass man Planck trotzdem den ersten Preis verweigerte, soll nach dessen eigenem Urteil daran gelegen haben, dass er in seiner Schrift einer «Ikone» der Göttinger Physik, Wilhelm Weber, und dessen «Ideenkreis» nicht die gebührende Aufmerksamkeit gezollt hatte (P1, Bd. 3, S. 380).

Im Unterschied zu den meisten anderen physikalischen Teilgebieten besitzt die Thermodynamik übergreifenden Charakter. Sie erhebt den Anspruch, grundsätzlich auf alle makroskopischen Systeme zuzutreffen. Ihre Reichweite wird besonders dadurch deutlich, dass sie sich heute in viele Spezialgebiete, etwa die technische, chemische, biologische und sogar ökonomische Thermodynamik aufgespalten hat. Diese Teilgebiete beruhen alle auf denselben Grundgesetzen, und Planck hat zu ihrer Ausarbeitung wichtige Teilbeiträge geleistet. Dabei war sich Planck dieser Entwicklung natürlich nicht bewusst, doch hat er mit seinen thermodynamischen Arbeiten zumindest mittelbar dazu beigetragen. Schließlich war er einer der ersten Physiker, der mit seinen systematischen Untersuchungen den universellen Charakter der thermodynamischen Grundgesetze und insbesondere des Entropieprinzips für alle chemischen und physikalischen Vorgänge deutlich gemacht und damit ein Modell für die Übertragung auf andere Wissensgebiete geschaffen hat. In seinem Bemühen, den universellen Charakter des zweiten Hauptsatzes und des Entropieprinzips herauszustellen, war es für Planck sicherlich hilfreich, dass er sich als theoretischer Physiker verstand. So in einer Kontroverse mit Svante Arrhenius, einem Begründer der physikalischen Chemie, der Plancks thermodynamische Begründung von Arrhenius' elektrolytischer Dissoziationstheorie infrage stellte, weil sich die Theorie auf Ionen, d. h. auf elektrisch geladene Teilchen, gründet. Planck wies in einer Entgegnung zu Recht darauf hin, dass die thermodynamischen Gesetze unabhängig davon gelten, ob die Teilchen nun geladen sind oder nicht – d. h., sie sind universell.

Die theoretische Physik war damals noch eine sehr junge Disziplin. Obwohl schon die Begründer der neuzeitlichen Physik wie Galileo Galilei oder Isaac Newton theoretische Physik im Sinne der mathematischen Durchdringung und Zusammenfassung des Beobachtungsmaterials betrieben hatten und damit durchaus als theoretische Physiker im Sinne der Moderne gelten können, dominierte in der Folgezeit die experimentelle Forschung. Die Physik galt ihren wichtigsten Akteuren als eine weitgehend empirische Wissenschaft, in der allein das Experiment zum wirklichen Verständnis der physikalischen Phänomene führt. Deren theoretische Durchdringung bzw. Beschreibung wurde damals weitgehend den Hilfswissenschaften wie der Mathematik überlassen. Unter ihrem Schirm entwickelte sich an der Wende vom 18. zum 19. Jahrhundert eine mathematische Physik, die in der Mechanik, der Wärmeleitungstheorie oder Elektro- und Magnetostatik sowie mit Gelehrten wie Leonard Euler, Jean Baptiste Joseph Fourier oder Simeon Denis Poisson ihre große Leistungskraft zeigte. Die Physiker selbst verstanden damals unter theoretischer Physik lediglich ein Fach, das ihnen einige unerlässliche mathematische Anwendungen wie den Gebrauch von Interpolationsformeln oder der Fehlerrechnung vermittelte; die theoretische Darstellung ihrer Experimente lieferten sie dann damit selbst. Dies hatte eine klare hierarchische Struktur zur Folge, in der die Experimentalphysik als Leitwissenschaft physikalischer Forschung ganz oben stand und die Theorie kaum geschätzt wurde, gewissermaßen als «Abfallprodukt» der eigentlichen physikalischen Forschung galt. Die Entwicklung der Physik, namentlich die der Maxwell'schen Elektrodynamik und nicht zuletzt der Thermodynamik, trug indes in der zweiten Hälfte des 19. Jahrhunderts entscheidend dazu bei, dass es zu einer zunehmenden Ausdifferenzierung zwischen theoretischer und experimenteller Physik und deren Forschungsmethodik gekommen ist (L27, Vol. 2). Dies hatte natürlich auch eine Aufwertung der theoretischen Physik zur Folge, was zunächst aber nur für den kognitiven Bereich galt.

Institutionell war nach wie vor die Experimentalphysik als Leitdisziplin physikalischer Forschung dominierend. Sie gab den jeweiligen Physikinstituten an den Universitäten Profil und Strukturen. Als sich dort im letzten Viertel des 19. Jahrhunderts in Deutschland eine tiefgreifende «institutionelle Revolution» vollzog und die meisten deutschen Universitäten neue Physikinstitute bekamen (L3, S. 14 ff.), waren diese fast gänzlich auf die Bedürfnisse moderner experimenteller Forschung zugeschnitten. Die Ausstattung der Abteilung für theoretische Physik, sofern es eine solche überhaupt gab, war meist beklagenswert und nicht mit der des Gesamtinstituts zu vergleichen. Hinzu kam, dass der Institutsbetrieb selbst ganz auf die Forschungsbedürfnisse des Institutsdirektors ausgerichtet war. Er allein besaß die Verfügungsgewalt über die für die physikalischen Experimente und andere Untersuchungen notwendigen Geräte und Hilfsmittel. Die patriarchalischen Verhältnisse des Ordinariensystems der deutschen Universitäten verstärkten dies noch und konnten etwa dazu führen, dass den am Institut ebenfalls wirkenden Extraordinarien, Privatdozenten oder Assistenten der Zugriff auf die Instrumentensammlung des Instituts generell verwehrt wurde. Wollten sie sich wissenschaftlich betätigen und potentielle Konflikte um Forschungsressourcen mit dem allmächtigen Institutsdirektor aus dem Weg gehen, so mussten sie auf Themen und Forschungsfelder ausweichen, die mit beschränkten apparativen Hilfsmitteln durchzuführen oder gar davon ganz unabhängig waren. Die theoretische Physik bot sich hierfür naturgemäß an, so dass sie sich mehr und mehr zu einem sogenannten Privatdozentenfach entwickelte. Dieser Trend wurde zusätzlich dadurch gefördert, dass ebenfalls im Lehrbetrieb das Fach zur Domäne der außerordentlichen Professoren und Privatdozenten wurde, stand doch dem Ordinarius das Recht zu, die viel besuchten und damit lukrativen Lehrveranstaltungen wie z. B. die Kursvorlesungen in Experimentalphysik zu halten. Die subalternen Lehrkräfte hatten dagegen die Spezialvorlesungen zu übernehmen, zu denen damals auch die theoretische Physik gehörte. Eine Auswertung der Vorlesungsverzeichnisse von 1892/93 zeigt (L27, Bd. 2, S. 165), dass bei den 23 verzeichneten Kursvorlesungen zur Experimentalphysik nur drei von Extraordinarien gehalten wurden. Bei den Vorlesungen zur theoretischen Physik war das Verhältnis umgekehrt, denn unter den 25 Dozenten finden sich nur sieben Ordinarien, darunter die zwei Lehrstuhlinhaber für theoretische Physik, die es damals in Deutschland gab.

Auch wenn sich die theoretische Physik angesichts der aktuellen Physikentwicklung und zudem rapide gewachsener Studentenzahlen im ausgehenden 19. Jahrhundert als eigenständiges Lehrfach hatte etablieren können, galt sie nach wie vor im Fächerkanon als zweitrangig und wurde so von den damaligen Studenten als gering bewertet; zumal sie nicht an allen Universitäten zu den obligatorischen Prüfungsfächern zählte. Die Konsequenz war, dass die Theorie relativ wenige Studenten anzog

Abb. 4: Hermann von Helmholtz (1821–1894) bei seiner letzten Vorlesung im Sommer 1894

und so die Kolleggelder für die Dozenten bescheiden ausfielen. Beispielsweise verzeichnet die Statistik der Münchener Lehrveranstaltungen Plancks selten mehr als eine Handvoll Studenten.

Die Beschäftigung mit der theoretischen Physik wurde von vielen Physikern – sofern sie nicht selbst ausgeprägte theoretische Neigungen pflegten – als notwendiges Übel angesehen, ein lästiges Durchgangsstadium auf dem Weg zum Ordinariat bzw. zum Direktorat eines Physikinstituts, das die ersehnte Befreiung von der theoretischen Fronarbeit brachte. Diese akademische «Ochsentour» führte nicht nur zu einer sozialen Abwertung des Faches und ihres symbolischen Kapitals, sondern auch dazu, dass die theoretische Physik von einem ständigen Strom junger, ehrgeiziger und nicht zuletzt kreativer Physiker profitieren konnte. Die Folge war eine Blüte und Hochkultur der theoretischen Physik in Deutschland, die zu Beginn des 20. Jahrhunderts die Entwicklung der modernen Physik maßgeblich beeinflusste. Allerdings setzte dieser Status den universitären Nachwuchs auch einem gnadenlosen Ausleseprinzip aus und zeigte nicht nur positive Effekte – das steht indes auf einem anderen Blatt der Physikgeschichte.

Mit seiner Berufung nach Kiel gehörte Max Planck zu den Gewinnern dieses Ausleseprozesses. Im Gegensatz zur Mehrzahl seiner Kollegen sah Planck aber das Kieler Extraordinariat nicht als Durchgangsstation auf dem Wege zum Direktor eines renommierten Physikinstituts an. Zwar hatte auch ihm die Kieler Fakultät die Verpflichtung auferlegt, dass er, «soweit nöthig, auch Ausflüge in experimentelle Physik leisten werde» (A10), doch blieben solche Exkurse aus, und seine Karriereplanung war ganz auf die theoretische Physik ausgerichtet. Damit gehörte er zu den ganz wenigen Physikern seiner Generation, die keinerlei Ambitionen verspürten, sich ebenfalls als Experimentalphysiker zu profilieren und damit das Direktorat eines Physikinstituts anzustreben. Eine solche Fokussierung auf die theoretische Physik barg naturgemäß große berufliche Risiken, denn die verfügbaren Stellen des Gebiets waren recht beschränkt. Die enorm gestiegenen Studentenzahlen im letzten Drittel des 19. Jahrhunderts und die Entwicklung der Physik selbst hatten zwar dazu geführt, dass an den meisten deutschen Universitäten eine Aufgabenteilung zwischen experimenteller und theoretischer Physik erfolgt war und vielfach Extraordinarien für das Fach eingerichtet wurden, doch gab es an den deutschen Universitäten noch zur Jahrhundertwende lediglich zwei (wirklich arbeitende) Lehrstühle für theoretische Physik. Vor diesem Hintergrund klagte Wilhelm Wien im Sommer 1898 gegenüber Arnold Sommerfeld:

> Die theoretische Physik liegt in Deutschland so gut wie vollständig brach. Die Gründe hierfür liegen erstens darin, daß die Physiker so gut wie ausschließlich das reine Experiment pflegen und für die Theorie kein Interesse zeigen ... Äußerlich zeigt sich das darin, das reine theoretische Physik nur von zwei Lehrstühlen (Berlin und Göttingen) vorgetragen wird ... Die theoretische Physik findet gegenwärtig keine Abnehmer. Später wird das alles wieder anders werden, weil ja sonst die Physik überhaupt zu Grunde gehen wird. (L43, Bd. 1, S. 90)

Wiens Einschätzung konnte bald als überholt gelten, denn mit den Erfolgen von Relativitäts- und Quantentheorie entwickelte sich die theoretische Physik im 20. Jahrhundert zur Leitwissenschaft physikalischer Forschung (vgl. L8; B40), und jede deutsche Universität rechnete es sich als Vorzug an, nun über einen Ordinarius für theoretische Physik in ihrem Lehrkörper zu verfügen. Bereits im Jahr 1875 war an der Berliner Friedrich-Wilhelms-Universität ein solches Ordinariat eingerichtet worden. Dies geschah durch die maßgebliche Initiative von Hermann von Helmholtz, der auf diese Weise nicht nur seinen einstigen Heidelberger Kollegen und Freund Gustav Kirchhoff nach Berlin holte, sondern schon früh die Bedeutung der theoretischen

Physik für die moderne physikalische Forschung erkannte und ihr institutionelle Geltung verschaffte. Auf diesen Lehrstuhl wechselte nun zum Februar 1889 Max Planck, dessen Lebensgeschichte und Schaffen nicht nur in diesem Punkt den Aufstieg der theoretischen Physik widerspiegelt.

3. Im Himmel der Wissenschaft: Professor in Berlin

«Man merkt eben doch noch mehr und an mehr Dingen, als man denkt, daß man sich im Zentrum der eigenen Wissenschaft befindet, und ob es Torheit ist oder Verstand, dies Bewußtsein ist ein sehr wohltuendes.» (L18, S. 136) Dieses emphatische Bekenntnis für Berlin, das der 23-jährige Heinrich Hertz im Herbst 1880 in einem Brief an seine Eltern in Hamburg ablegte, spiegelt mehr als nur die Hochstimmung eines frisch promovierten Physikers wider. Es ist vor allem Ausdruck der Tatsache, dass sich Berlin in jener Zeit zu einer europäischen Metropole von Rang entwickelt hatte, in der nicht zuletzt Wissenschaft und Technik eine zentrale Rolle spielten (L31). Namentlich in der Physik repräsentierten die Stadt und ihre Wissenschaftsinstitutionen eine Hochkultur, die in den Jahrzehnten um die Jahrhundertwende «die allgemeine Geschichte der Physik aufs engste mit der Geschichte der Berliner Physik» verknüpfte (B28, Bd. 1, S. 11).

Am Anfang dieser Entwicklung stand die Berufung von Hermann von Helmholtz im Jahr 1871, mit der die Berliner Universität nicht nur den führenden Physiker seiner Zeit an sich binden konnte, sondern der als Zentralfigur der damaligen *scientific community* auch nachhaltigen wissenschaftspolitischen Einfluss auf die Profilierung des Wissenschaftsstandortes Berlin nahm. Von zentraler Bedeutung war in diesem Zusammenhang sein Bemühen, talentierte Nachwuchswissenschaftler aufzuspüren, zu unterstützen und auch für Berlin zu gewinnen. An erster Stelle ist in diesem Zusammenhang sein Schüler Heinrich Hertz zu nennen, dessen wissenschaftliche Karriere er wie kein zweiter begleitet und gefördert hat. Auch der junge Max Planck stand unter dem Patronat von Helmholtz. Dass er gerade erst 30-jährig an die Berliner Universität, auf den ersten Lehrstuhl des Faches und quasi an die Seite von Helmholtz, berufen wurde, war ganz wesentlich dessen Rolle und Einfluss zu verdanken.

Als im Oktober 1887 Gustav Kirchhoff überraschend starb, kam als dessen Nachfolger auf dem Lehrstuhl für mathematische Physik nur ein Gelehrter von Rang infrage. Allerdings ergaben die Sondierungen der eingesetzten Berufungskommission der Philosophischen Fakultät, zu der in jener Zeit noch die Physik wie auch die anderen naturwissenschaftlichen Fächer gehörten, dass die personelle Situation auf dem Gebiet der theoretischen Physik etwas problematisch war:

> Wir haben zwar höchst ausgezeichnete Männer dieser Art, die das 65. Lebensjahr überschritten haben, und einige sehr viel versprechende junge Anfänger, aber weniger von gesicherter wissenschaftlicher Autorität im kräftigen Mannesalter. (A14)

Unter jenen «Autoritäten im kräftigen Mannesalter» identifizierte man sehr schnell den damals 54-jährigen Grazer Physiker Ludwig Boltzmann als Wunschkandidaten der Fakultät, der – wie es im Berufungsvorschlag heißt – «vorzugsweise geeignet ist, die durch G. Kirchhoffs Tod entstandene große Lücke wieder zu schließen» (A14). Boltzmann gehörte ohne Zweifel zu den führenden theoretischen Physikern seiner Zeit. Seine thermodynamischen Forschungen machten ihn zum Begründer der kinetischen Gastheorie und statistischen Physik; darüber hinaus hatte er sich ebenfalls als Experimentalphysiker mit fundamentalen Untersuchungen einen Namen gemacht. Obwohl Boltzmann im Frühjahr 1888 den Ruf nach Berlin angenommen hatte, zerschlugen sich im Laufe des Jahres doch noch die Hoffnungen, ihn für Berlin zu gewinnen (L26).

Alternativ wurden im November 1888 von der Berufungskommission «zwei jüngere Gelehrte, nämlich Herr(n) Professor H. Hertz in Karlsruhe, und Herr(n) Professor M. Planck in Kiel für die Vertretung der mathematischen Physik an hiesiger Universität in Vorschlag» gebracht. Allerdings zog es Hertz vor, Direktor des Physikinstituts in Karlsruhe zu bleiben und so seinen ausgeprägten experimentellen Forschungsinteressen nachgehen zu können; dies im Übrigen mit großem Erfolg, gelang ihm doch hier der spektakuläre Nachweis der elektromagnetischen Wellen. Mit der Absage von Hertz war der Weg für Max Planck frei, über den es im Kommissionsbericht heißt:

> ... seine Arbeiten (sind) doch sehr fruchtbar und zeigen ihn durchaus als einen Mann von originalen Gedanken, der sich seine eigenen Bahnen macht. Seine in Göttingen gekrönte Preisarbeit über das Gesetz von der Konstanz der Energie und einzelne Arbeiten aus anderen Zweigen zeigen, daß er einen umfassenden Überblick über die verschiedenen Abschnitte dieser Wissenschaft hat. Über seine Fähigkeit als Lehrer haben wir durchaus günstige Berichte aus Kiel erhalten. (A14)

Für Planck sprach auch – wie der Bericht weiter ausführt –, dass «es wohl möglich sein (würde), ihn als Professor extraordinarius für Berlin zu gewinnen, wodurch ehrw. Excellenz und die Fakultät für künftige Eventualitäten größere Freiheit des Handelns behalten würden» (A14).

Man war sich also in der Fakultät und im Ministerium des Problems bzw. des Risikos bewusst, einen erst am Anfang seiner akademischen Karriere stehenden Gelehrten in eine so renommierte Position zu berufen. Planck hat jedoch das in ihn gesetzte Vertrauen, hinter dem nicht zuletzt die Autorität von Helmholtz stand, sicherlich als Herausforderung empfunden und sehr schnell mit weiteren exzellenten Leistungen zu rechtfertigen gewusst. Nachdem er zum 1. Februar 1889 sein neues Amt angetreten hatte und im Frühjahr mit der inzwischen fünfköpfigen Familie nach Berlin übergesiedelt war, schlug die Fakultät schon 1892 dem Ministerium vor, Planck zum ordentlichen Professor zu ernennen, und stellte in ihrem Bericht heraus, dass er seit seiner Berufung

> eine stattliche Reihe wissenschaftlicher Abhandlungen veröffentlicht hat, die meist in das neuerdings so wichtig gewordene Gebiet der physikalischen Chemie fallen und die Beziehungen der chemischen Prozesse zur Wärme und Elektrizität behandeln. Diese Aufsätze zeugen wie die früheren von einer großen Schärfe und Besonnenheit des mathematischen und physikalischen Denkens. Ihr Verfasser kann gegenwärtig als einer der gedankenreichsten und gleichzeitig als der gründlichste und zuverlässigste Vertreter des neuen und wichtigen Gebiets der Thermochemie nach ihrer theoretischen Seite in Deutschland betrachtet werden. (A14)

Auch in den folgenden Jahren ging es auf der akademischen Karriereleiter weiter steil aufwärts. Bereits zwei Jahre später, im Sommer 1894, wurde Planck in die Preußische Akademie der Wissenschaften gewählt. Eine hohe Ehre, war die Mitgliedschaft doch eine Art akademischer Ritterschlag, denn die Akademie galt als der «wissenschaftliche Olymp» Preußens, die die herausragenden Gelehrten deutscher Universitäten und anderer Wissenschaftseinrichtungen zusammenführte (vgl. I.12). Die Berliner Akademie gehörte zu den wichtigsten Wissenschaftsinstitutionen, die zwar kaum über eigene Forschungseinrichtungen verfügte, doch als Gelehrtengesellschaft einen nicht zu unterschätzenden wissenschaftspolitischen Einfluss sowie hohe internationale Reputation besaß. Zu ihren auswärtigen Mitgliedern gehörten auch viele prominente ausländische Gelehrte. Die Aufnahme in diese Wissenschaftselite scheint indes für Planck mit einigen Problemen verbunden gewesen zu sein, denn bei der sogenannten Ballotierung – bei der Wahl wurden schwarze und weiße Kugeln zur Stimmabgabe genutzt – stimmten immerhin sechs von zwanzig anwesenden Akademiemitgliedern gegen die Aufnahme. Dabei hatte auch hier kein Geringerer als Hermann von Helmholtz hinter der Wahl gestanden und für seinen Schützling nicht nur den Wahlantrag verfasst, sondern auch noch explizit zu Protokoll gegeben, dass «seine Aufnahme in die Akademie vollkommen gerechtfertigt und wünschenswert sei» (B28, Bd. 1, S. 126). Es überrascht so nicht, wenn Planck seinem einflussreichen Mentor den schlechten Vorlesungseindruck aus dem Jahr 1878 nicht nachgetragen, sondern ihm vielmehr lebenslang eine fast kindliche Verehrung bewahrt hat – zumal er ihn als Forscher von Anfang an bewunderte. Noch in seinen aus den 1940er Jahren stammenden Lebenserinnerungen bekannte er, dass «ein anerkennendes oder gar lobendes Wort aus seinem [Helmholtz' – D. H.] Munde mich mehr beglücken (konnte) als jeder äußere Erfolg», und er erinnerte sich zudem an ein «Gefühl grenzenloser kindlicher Hingabe», wenn Helmholtz ihn im Gespräch «mit seinen ruhigen, eindringlich forschenden und doch im Grunde wohlwollenden Augen anschaute ... ich hätte ihm ohne Rücksicht alles, was mir am Herzen lag, anvertrauen können, in der gewissen Zuversicht, daß ich in ihm einen gerechten und milden Richter finden würde» (P1, Bd. 1, S. 374).

Ein zentrales Motiv für die damals keineswegs ungeteilte Meinung der Kollegenschaft über Planck war sicherlich seine Jugend – mit 30 Jahren zum Professor einer angesehenen Universität berufen und mit 35 in einer der renommiertesten europäischen Wissenschaftsakademien aufgenommen zu werden, fand sicherlich nicht nur viele Neider, sondern war auch damals höchst ungewöhnlich, lag doch das Durchschnittsalter seiner Akademikerkollegen bei weit über 60 Jahren. Daneben spiegelten sich in der Skepsis, mit der man Planck persönlich begegnete, sicherlich die Vorbehalte wider, die damals gegenüber seinem Fachgebiet, der theoretischen Physik, gepflegt wurden. Wie schon erwähnt, empfanden viele Kollegen diese als ein eigentlich überflüssiges Fachgebiet und stuften daher wohl auch den reinen Theoretiker Planck als «Schmalspurphysiker» ein. Dies sollte sich indes schnell ändern, denn die Exzellenz der von Planck gezeigten wissenschaftlichen Leistungen, aber auch sein außergewöhnliches Engagement für die Akademie sprachen ein eigenes Urteil und ließen solche Ressentiments bald verstummen.

Die Übersiedlung von Kiel nach Berlin bedeutete nicht nur eine Erweiterung des wissenschaftlichen und gesellschaftlichen Horizonts. Für den Hochschullehrer Max Planck war dies zugleich eine gewaltige Herausforderung. Hatte er sich im akademisch überschaubaren Kiel fast gänzlich seiner wissenschaftlichen Forschung widmen können und auch nur relativ wenige

Abb. 5: Die Friedrich-Wilhelms-Universität Unter den Linden, um 1900. Im linken Flügel befand sich Plancks Institut für theoretische Physik.

Studenten betreut, so wurde er in Berlin mit einem akademischen Großbetrieb konfrontiert, der in starkem Maße auch die Kultivierung administrativer und wissenschaftsorganisatorischer Fähigkeiten sowie die Betreuung von Dutzenden, später sogar Hunderten Studenten erforderte. Hinzu kam, dass von einem Professor der Berliner Universität neben wissenschaftlicher Kreativität und administrativen Fähigkeiten auch gesellschaftliche Repräsentation und politische Talente gefragt waren. Mit Ironie reflektierte Planck die vielfältigen Belastungen eines Berliner Hochschullehrers, als er 1899 seinem Münchener Kollegen Arnold Sommerfeld eine Absage erteilte und keinen Übersichtsbeitrag zu der von diesem herausgegebenen «Encyklopädie der mathematischen Wissenschaften» beisteuern mochte, denn

> mehrjährige Erfahrungen haben mich belehrt, daß ein Berliner Universitätsprofessor die Zeit, die ihm von den ewigen Sitzungen, Examina, Berichtsabfassungen noch übrig bleibt ... bei richtiger Überlegung nur dazu benutzen darf, um sich selber und die eigenen Forschungen weiter zu fördern, zusammenfassende Darstellungen aber auf das Katheder beschränken muß. (L43)

Nicht alle Professoren haben diese Herausforderungen der Reichshauptstadt bestanden oder gar wie Planck mit Humor ertragen. Einige sind daran auch zerbrochen, wie der tragische Freitod seines Kollegen Paul Drude im Sommer 1906 zeigte (L23). Planck hat sich dagegen in diesem Milieu wohlgefühlt und gehörte bald schon zu den Meinungsführern in der Berliner Professorenschaft.

An der Berliner Universität stand Planck einem eigenständigen Institut für theoretische Physik vor und war damit gegenüber seinen Theoretikerkollegen an den anderen Universitäten ohne Zweifel hinsichtlich Status und Ausstattung privilegiert, wobei natürlich der damalige Institutsbetrieb keinem Vergleich mit heutigen Verhältnissen standhält. Das Planck'sche Institut befand sich im Westflügel des Hauptgebäudes der Universität Unter den Linden und bestand eigentlich nur aus einer Bibliothek sowie den Büros des Lehrstuhlinhabers und seines Assistenten. Ein Institutsleben gab es praktisch nicht, da die Bibliothek, in der man Fachliteratur und die aktuellen Zeitschriften einsehen konnte, nur im Anschluss an die Vorlesungen und Übungen geöffnet war. Planck selbst, wie auch der Assistent, arbeitete selten im Institut, sondern in der Regel zu Hause und verließ meist unmittelbar nach dem Ende der Vorlesung oder Übung die Universität. Planck wohnte seit 1908 im Grunewald, jenem Stadtteil im Westen Berlins, in dem sich nach der Jahrhundertwende viele Berliner Professoren und das Berliner Bildungsbürgertum ihre Villen und Häuser bauten (L10). Von dort fuhr er fast täglich mit der Stadtbahn, der heutigen S-Bahn, in die Innenstadt. Ein englischer Student erinnerte sich:

> Sein Zug fuhr oft parallel mit meinem, der von Charlottenburg kam, und ich konnte dann Planck sehen, wie er in einem Abteil, das mit Angestellten und Ladenmädchen gefüllt war, in seinen Notizen zur Vorbereitung der Vorlesungen studierte. (B12, S. 153)

Planck baute in Berlin seine Vorlesungen zur theoretischen Physik zu einer fünfsemestrigen Kursvorlesung aus, die die klassischen Gebiete der theoretischen Physik – von der Mechanik bis zur Optik – umspannte und einen umfassenden Überblick gab. Mit dem Sommersemester 1894 wurde daraus sogar ein sechssemestriger Zyklus vierstündiger Vorlesungen, der mit einer systematisierenden Vorlesung über das «System der gesamten Physik» abschloss. Daraus ging dann Plancks fünfbändige «Einführung in die theoretische Physik» hervor, die zwischen 1916 und 1930 erschien und zu einem Standardwerk der physikalischen Weltliteratur wurde (P4). Nach Max von Laue bestand «die besondere Kunst der Planckschen Darstellung darin, die Dinge einfach und doch überzeugend, dabei stets unter Hinblick auf die Einheit der Physik vorzutragen». Plancks fünfbändiges Lehrbuch spielte in der akademischen Ausbildung damals eine ähnliche Rolle wie die heutigen Lehrbuchzyklen von Lew Landau und Jewgeni Lifschitz oder von Richard Feynman. Darüber hinaus dokumentieren die verschiedenen Auflagen der Lehrbücher das Ringen des Autors um ein zeitgemäßes Verständnis der Grundprobleme der Physik. Die Arbeit an seinen Vorlesungen bildete für Planck einen wichtigen Teil seiner aktuellen physikalischen Forschungstätigkeit. Lehrend lernen und forschend lehren – diese Maxime der Humboldt'schen Universität fand im Wirken Plancks als Hochschullehrer ihre konkrete Umsetzung. Seine sechssemestrige Kursvorlesung hat Planck mit der ihm eigenen Konsequenz Semester für Semester, viermal in der Woche, bis zum Jahr 1930 gehalten. Daneben wurden von ihm auch noch über viele Jahre die entsprechenden Übungen abgehalten. Über diese gibt es den folgenden Bericht eines einstigen Studenten:

> Mittwochs von 8 bis 9 Uhr früh war die Übungsstunde. Planck stellte jedes Mal eine Aufgabe, die sich an den in der Vorlesung behandelten Stoff anschloß; die Studenten sollten sie bearbeiten und spätestens am folgenden Dienstag abgeben. Der Assistent sah dann am Dienstag die Arbeiten durch, korrigierte sie und fuhr danach mit ihnen zu Planck hinaus, um mit ihm die einzelnen Arbeiten zu besprechen. Am Anfang des Semesters waren die Aufgaben meist sehr leicht und einfach; dann wurden oft weit über 100 Arbeiten abgegeben. Aber diese Zahl sank sehr schnell herab … Am Mittwoch wurde die Aufgabe von einem Studenten, den Planck auf Vorschlag des Assistenten ausgewählt hatte, vorgetragen. (Z4, S. 173)

Nachdem bei seinem Amtsantritt kaum zwanzig Studenten seine Vorlesungen besucht hatten, steigerte sich die Zahl im Laufe der Jahre auf über 200 Hörer. Dafür zeichnete nicht allein Plancks Prominenz oder gar sein Vorlesungstalent verantwortlich als vielmehr die Tatsache, dass die theoretische Physik Anfang des 20. Jahrhunderts zum festen Bestandteil der Physikausbildung und auch anderer naturwissenschaftlicher Fächer avancierte. Damit erhöhte sich nicht nur die Lehrbelastung, sondern es waren auch immer mehr Prüfungen abzunehmen, was gerade an solchen Großuniversitäten wie Berlin auch schon damals ganz erheblich das Zeitbudget der Dozenten belastete. Beispielsweise hat Planck zwischen 1892 und 1932 mindestens 650 Hauptprüfungen abgenommen und mehr als 260 Gutachten in Promotions- und Habilitationsverfahren erstellt (B17).

Die Vorlesungen von Planck, denen er nach Auskunft Laues «mit Leidenschaft anhing», sollen «bis ins kleinste vorbereitet und von unübertrefflicher Klarheit» gewesen sein (Z4, S. 174), doch fehlte ihnen wohl eine gewisse Lebendigkeit. So hatte Lise Meitner, die 1907 nach Berlin kam und später Plancks Assistentin wurde, anfangs mit einer gewissen Enttäuschung zu kämpfen, da sie aus ihrer Wiener Studienzeit von Ludwig Boltzmann lebhafte und begeisternde Vorlesungen und Vorträge kannte. Dagegen erschienen ihr «Plancks Vorlesungen bei all ihrer außerordentlichen Klarheit etwas unpersönlich, beinahe nüchtern» (B36, S. 406). Der Breslauer Mathematiker Adolf Kneser brachte solche Eindrücke auf den Punkt, wenn er ironisch feststellte: «Planck, nun, Planck ist auch nicht zum Totlachen.» (Z4, S. 168) Zu dieser Nüchternheit passt, dass er bei der Behandlung der Wärmestrahlungstheorie und des Planck'schen Strahlungsgesetzes mit keinem Wort erwähnt haben soll, dass dieses von ihm gefunden worden war: «Fast war es so, als ob er sich genierte, über seine eigenen neuen Ideen zu sprechen, die seinen Schülern darzulegen doch schon unumgänglich nötig war», erinnerte sich Walther Meißner (B35, S. 590).

Walther Meißner, einer der Pioniere der Tieftemperaturphysik, gehörte auch zu jenem relativ kleinen Kreis von Studenten, die man als Plancks direkte Schüler bezeichnen darf. Es waren

Abb. 6: Max Planck, um 1906

25 Doktoranden, die Planck betreut hat und bei denen er Erstgutachter der Dissertation war. Für die ungewöhnlich lange akademische Wirkungszeit von über 40 Jahren wahrlich keine überwältigende Zahl und nicht mit der Menge von Doktoranden zu vergleichen, die andere Pioniere der theoretischen Physik wie Arnold Sommerfeld oder Max Born betreut haben. Im Gegensatz zu ihnen hat Planck keine bedeutende Physikerschule begründet. Dies hängt sicherlich mit Plancks eigenem Werdegang zusammen und damit, dass ihm – wie er selbst in seiner Antrittsrede vor der Berliner Akademie 1894 bekannte – «nicht das Glück zuteil geworden (ist), daß ein hervorragender Forscher oder Lehrer ... auf die spezielle Richtung meines Bildungsganges Einfluß genommen hat» (B28, Bd. 2, S. 171).

Seinen eigenen Studenten verlangte er so eine große Selbstständigkeit ab: «Er stellte das Thema und sagte ungefähr, was man zu tun hatte. Und dann sah ich ihn – ich möchte nicht sagen nur zwei Mal, es kann drei Mal gewesen sein. Dann sagte ich: ‹Die Arbeit ist fertig›», erinnerte sich Fritz Reiche (M5, S. 48). Unter solchen Voraussetzungen zeigten nur wenige Studenten das nötige Selbstbewusstsein und die Selbständigkeit, um bei Planck zu promovieren. Allerdings wurde die fehlende Quantität durch Qualität und wissenschaftliche Qualifikation kompensiert. Alle Planck-Schüler haben ihren Platz im akademischen Leben gefunden, und viele vollbrachten Leistungen von solchem Rang, dass ihr Name in die Annalen der Physik eingegangen ist – zu den prominenten Schülern Plancks gehörten Max Abraham, Walter Bothe, William Duane, Walter Gordon, Max von Laue, Walther Meißner, Fritz Reiche und Walter Schottky, wobei Laue und Bothe später sogar den Nobelpreis erhielten. Laue galt zudem als der engste Mitarbeiter und Vertraute von Planck und wirkte ab 1921 auch an seiner Seite an der Berliner Universität.

Neben ihrer geringen Zahl ist noch etwas anderes an den Planck'schen Doktoranden bemerkenswert. Der Begründer der Quantentheorie stellte seinen Studenten nicht etwa Themen aus diesem Gebiet, sondern ließ viele über Probleme der zweiten Säule der modernen Physik, der im Jahr 1905 von Albert Einstein begründeten Speziellen Relativitätstheorie, arbeiten. Im Jahrzehnt vor dem Ersten Weltkrieg haben seine Doktoranden so vornehmlich zu Problemen der Relativitätstheorie promoviert. Überhaupt lässt sich feststellen, dass Planck zu jenen Physikern gehörte, die sofort die revolutionäre Bedeutung von Einsteins *Annalen*-Aufsatz «Zur Elektrodynamik bewegter Körper» erkannten und die Anerkennung der Einstein'schen Relativitätstheorie nachhaltig gefördert haben. Bereits im März 1906 referierte Planck im Physikalischen Kolloquium über das Prinzip der Relativität (P1, Bd. 2, S. 115–120) und präzisierte einige Ergebnisse der Einstein'schen Arbeit. Kurze Zeit später verteidigte er die Relativitätstheorie auf der Naturforscherversammlung gegen Kritiker.

In den folgenden Jahren beschäftigte sich Planck in zahlreichen Arbeiten nicht nur intensiv mit relativistischen Problemen, sondern setzte sich auch maßgeblich für die Förderung ihres jungen Schöpfers ein. Dessen Kühnheit und Unbefangenheit bei der Revision des Zeitbegriffs der Newton'schen Physik erregte seine ungeteilte Bewunderung: «Es übertreffe wohl alles, was bisher in der spekulativen Naturforschung, ja in der philosophischen Erkenntnistheorie geleistet wurde», bekannte Planck euphorisch im Jahr 1909 in einer Gastvorlesung an der New Yorker Columbia-Universität (P3, S. 117). Das alles macht Planck zum Entdecker und Förderer des jungen Einstein und begründete ein außergewöhnliches Vertrauens- und Freundschaftsverhältnis zwischen beiden Gelehrten, obwohl beider Charaktere und politische Ansichten kaum unterschiedlicher hätten sein können (B25). Unmittelbar vor Ausbruch des Ersten Weltkrieges gelang es Planck und anderen Berliner Physikern sogar, den strahlenden Stern am damaligen Physikerhimmel in einer konzertierten Aktion von Wissenschaft, Wissenschaftsbürokratie und Mäzenatentum an der Akademie exzeptionelle Arbeitsbedingungen zu bieten und ihn an die Spree zu holen (B38; L28). Hier konnte Einstein als «bezahltes Genie», frei von Lehr- und anderen Verpflichtungen, allein seinen wissenschaftlichen Neigungen nachgehen. Schon bald nach der Aufnahme seiner Tätigkeit in Berlin konnte er seine Arbeiten zur Allgemeinen Relativitätstheorie erfolgreich abschließen und damit nicht nur seinem eigenen wissenschaftlichen Schaffen, sondern gerade auch der Wissenschaftsstadt Berlin weiteren Glanz verleihen (L24). Allerdings war die Verpflichtung Einsteins keineswegs uneigennützig, sondern diente nicht zuletzt dazu, die Stellung Berlins als internationales Zentrum physikalischer Forschung weiter aufzuwerten und nachhaltig zu stärken. Solche Aktivitäten rückten ab 1910 immer stärker in den Mittelpunkt von Plancks Wirken und zeigen, dass Planck nicht nur im damaligen «Himmel der Wissenschaft» – so der Eindruck des Biochemikers Erwin Chargaff, als dieser 1930 nach Berlin kam – angekommen war, sondern sich inzwischen zu einem seiner gestaltenden Kräfte profiliert hatte.

4. Ein Akt der Verzweiflung und die Geburt der Quantentheorie

Die Berufung an die Berliner Universität brachte für Max Planck nicht nur persönliche Anerkennung sowie wachsende gesellschaftliche Reputation und Einfluss, sie wurde für ihn auch in wissenschaftlicher Hinsicht zum Gewinn, da er sich hier mit der Wärmestrahlungstheorie ein neues Forschungsgebiet erschlossen hat. Dies führte ihn zu seinem größten wissenschaftlichen Triumph und machte ihn zum Begründer der Quantentheorie. Das von ihm im Herbst 1900 entdeckte neue (Planck'sche) Strahlungsgesetz und die in diesem Zusammenhang formulierte Quantenhypothese mit dem (Planck'schen) elementaren Wirkungsquantum *h* waren keineswegs das trotzige Ergebnis eines in weitgehender Isolation forschenden und von einem uninteressierten Wissenschaftsmilieu umgebenen Genies. Vielmehr erwuchs diese revolutionäre Entdeckung aus der spezifischen Qualität, die das wissenschaftliche Leben Berlins in den Jahrzehnten um die Jahrhundertwende auszeichnete und auf die kurz im Rahmen der Geschichte von Plancks wichtigster wissenschaftlicher Leistung eingegangen werden soll.

Nachdem Plancks Untersuchungen über thermodynamische Gleichgewichte in physikochemischen Systemen zu einem gewissen Abschluss gekommen waren und er sicherlich auch darüber frustriert war, dabei vom amerikanischen Physiker J. W. Gibbs übertrumpft worden zu sein, begann Planck, sich Mitte der 1890er Jahre einem neuen Forschungsfeld zuzuwenden, den Strahlungsgleichgewichten und der Theorie der Wärmestrahlung (B29). Die Physiker wussten damals relativ wenig über die Gesetzmäßigkeiten, nach denen beispielsweise ein erhitzter Körper Wärme- bzw. Lichtstrahlen aussendet. So hatte 1859 Gustav Kirchhoff, Plancks Vorgänger auf dem Berliner Lehrstuhl, zeigen können, dass zur Beschreibung der Wärmestrahlung eine universelle Strahlungsfunktion von zentraler Bedeutung ist (B39). Für Strahlen gleicher Wellenlänge (λ) bzw. Frequenz (ν) und gleicher Temperatur (T) ist das Verhältnis von Emissions- (e) und Absorptionsvermögen (a) bei allen Körpern identisch:

$$\frac{\mathrm{e}}{\mathrm{a}} = \text{const} = f(\nu, T).$$

Kirchhoff führte in diesem Zusammenhang den Begriff des «Schwarzen Körpers» ein – eines Körpers, der alle auftreffende Strahlung vollständig absorbiert und somit nur die vom ihm selbst ausgesendete Strahlung emittiert. Für einen solchen Schwarzen Körper (bb) gilt

$$\mathrm{a} = 1,$$

und die von ihm emittierte Wärmestrahlung ist damit allein eine Funktion von Wellenlänge bzw. Frequenz, d. h. unabhängig von der materiellen und sonstigen Beschaffenheit des strahlenden Körpers:

$$\frac{e}{1} = E_{bb} = f(\nu,T).$$

Das Problem der Wärmestrahlung und die Ermittlung einer Strahlungsformel, die den spektralen Verlauf der Strahlung beschreibt, kann damit auf die Untersuchung der Strahlung eines Schwarzen Körpers und auf die Bestimmung dieser materialunabhängigen Funktion der Temperatur und Längenwelle bzw. Frequenz reduziert werden.

Allerdings erwiesen sich die experimentellen und theoretischen Schwierigkeiten als höchst kompliziert und stellten für die zeitgenössische Physik eine große Herausforderung dar (vgl. B22; B39). Von Einstein, der sich im Zusammenhang mit Plancks Forschungen Anfang des 20. Jahrhunderts ebenfalls mit den damit zusammenhängenden Problemen beschäftigt hat, stammt die sarkastische Feststellung: «Es wäre erhebend, wenn wir die Gehirnsubstanz auf eine Waage legen könnten, die von den theoretischen Physikern auf dem Altar dieser universellen Funktion f hingeopfert wurde.» (L9, Bd. 4, S. 563)

Erst zwanzig Jahre nach Kirchhoff war es dem Wiener Physiker Josef Stefan gelungen, aus der Analyse vorliegender Messergebnisse die pro Flächeneinheit ausgestrahlte Strahlungsleistung eines homogen temperierten Hohlraums zu bestimmen, der dem Ideal des Schwarzen Körpers nahe kam. Die Energiedichte (I) ist nach Stefan der vierten Potenz der Temperatur (T) proportional:

$$I \sim T^4$$

Ludwig Boltzmann hat dann 1884 auf der Grundlage der Maxwell'schen Elektrodynamik eine Ableitung dieses T^4-Gesetzes für die Gesamtstrahlung eines Schwarzen Körpers geliefert, was von Hendrik Antoon Lorentz als «Perle der theoretischen Physik» gerühmt wurde und dazu führte, dass man heute vom Stefan-Boltzmann'schen Strahlungsgesetz spricht. Dieses war zwar ein wichtiger Fortschritt in der Strahlungstheorie, doch war damit immer noch nicht die gesuchte Funktion $f(\nu,T)$ gefunden. Der nächste große Schritt in dieser Richtung gelang

Wilhelm Wien von der Physikalisch-Technischen Reichsanstalt in Berlin-Charlottenburg, der 1893 das sogenannte Wien'sche Verschiebungsgesetz

$$\lambda \cdot T = \text{const}$$

und drei Jahre später auch das Wien'sche Strahlungsgesetz

$$\rho(\nu,T) = \alpha\nu^3 e^{-\frac{\beta\nu}{T}},$$

fand, wobei $\rho(\nu,T)$ die Energiedichte bei einer gegebenen Frequenz ν und der Temperatur T ist und α, β universelle Konstanten sind.

In der damaligen Wärmestrahlungsforschung und im Vorfeld der Planck'schen Entdeckung spielte die Berliner Physikalisch-Technische Reichsanstalt eine zentrale Rolle (B9; B27). Die Reichsanstalt war an der Wende zum 20. Jahrhundert weltweit das größte und angesehenste Physikinstitut, gewissermaßen das «Kronjuwel» der Berliner Physik. Im Jahr 1887 gegründet und bis zu seinem Tode im Jahre 1894 von Hermann von Helmholtz geleitet, wurde dort Präzisionsphysik auf höchstem Niveau betrieben und versucht, sowohl die Definition exakter elektrischer und anderer moderner Maßeinheiten auf eine solide wissenschaftliche Grundlage zu stellen als auch die Lösung offener Grundfragen der zeitgenössischen Physik voranzutreiben (L3; L19). Dieses Programm folgte nicht zuletzt den Intentionen Werner von Siemens', der die Gründung des Instituts mit maßgeblichen Finanzmitteln initiiert hatte und für den

> die naturwissenschaftliche Forschung immer den sicheren Boden des technischen Fortschritts (bildete), und die Industrie eines Landes wird niemals eine international leitende Stellung erwerben und sich erhalten können, wenn dasselbe nicht gleichzeitig an der Spitze des naturwissenschaftlichen Fortschritts steht (L42, Bd. 2, S. 568).

Es war kein Zufall, dass im letzten Jahrzehnt des 19. Jahrhunderts an der PTR Forschungen zur Wärmestrahlungsphysik aufgenommen wurden, denn das Gebiet mit seinen vielen ungeklärten Problemen beanspruchte damals ein hohes wissenschaftliches Interesse und war gleichzeitig für die Technik und Metrologie von großer Bedeutung. Der starke Aufschwung der Beleuchtungstechnik und die seit den 1880er Jahren zunehmende Konkurrenz zwischen dem Gaslicht und der Glühlampe hatten dazu geführt, dass die Bestimmung der Stärke einer Lichtquelle nicht nur für den Physiker oder Astronomen interessant war, sondern zunehmend auch zu einem ökonomischen Problem wurde. Allerdings waren die verfügbaren Messmethoden und Geräte sehr ungenau, und die Festlegungen über ein einheitliches Lichtmaß differierten erheblich – so operierte man in der damaligen Gas- und Elektroindustrie mit Lichtstärkeangaben, deren Unsicherheit oft bei über 50 Prozent lag. Die Gründe für derart große Unsicherheiten lagen nicht zuletzt darin, dass es über die physikalischen Gesetze der Lichterzeugung viele Unklarheiten gab und gerade zwischen den theoretischen Vorstellungen und ihrer experimentellen Bestätigung große Lücken bestanden. Hier wurden nun die Siemens-Helmholtz'schen Gründungsintentionen der Reichsanstalt wirksam. Diese sahen nicht nur wissenschaftlich begründete Standardlösungen eines technischen Problems vor – etwa die Schaffung einer praktisch funktionierenden Lichteinheit –, sondern sie orientierten sich vor allem am physikalischen Erkenntnisfortschritt und verfolgten damit die Einordnung der technisch-metrologischen Aufgaben in einen fundamentalen Erkenntnisrahmen, d. h., man wollte auf diesem Wege zu einer weiteren wissenschaftlichen Durchdringung der Grundlagen von Licht- und Strahlungserzeugung zur Ermittlung der allgemein gültigen Strahlungsgesetze und ihrer physikalischen Grundlagen gelangen. Dementsprechend heißt es im Tätigkeitsbericht der Reichsanstalt aus dem Jahr 1900:

> ... die optischen Arbeiten haben das Ziel, die grundlegenden Gesetze der Wärme- und Lichtstrahlung festzulegen. Im Anschluß daran sollen die Probleme der Leucht- und Heiztechnik gelöst werden, soweit sie sich durch Strahlungsversuche angreifen lassen ... Die Versuche sollen in der Weise erweitert werden, daß man die Emission mit der des schwarzen Körpers vergleicht ... und so ein Urteil über die Ökonomie der Lichtquellen gewinnt. (L44, S. 147)

Beschäftigte man sich an der Reichsanstalt in Charlottenburg damit, einen Schwarzen Körper erstmals technisch zu realisieren und auf dieser Grundlage die damals bekannten Strahlungsgesetze einer experimentellen Prüfung zu unterziehen, was wahrer Kärrnerarbeit gleichkam (vgl. B22), so bemühte sich Max Planck, die Gesetze der Strahlungsphysik und vor allem das Wien'sche Strahlungsgesetz, das nicht nur empirisch am besten bestätigt, sondern auch theoretisch wohlbegründet schien, auf der Grundlage thermodynamischer Überlegungen abzuleiten (B39). Damit knüpfte er unmittelbar an seine Untersuchungen über thermodynamische Gleichgewichte in physikochemischen Systemen und an seine Überlegungen zur zentralen Rolle des Entropiebegriffs an (B29). Auf diesem Weg wollte er seine thermodynamischen Studien mit der neuen und für die zeitgenössische Physik ungemein anregenden elektromagnetischen Lichttheorie verknüpfen und die Wärmestrahlung mit Hilfe der Thermodynamik konsequent als elektromagnetischen Vorgang deuten. In seiner Antrittsrede vor der Preußischen Akademie der Wissenschaften führte Planck im Sommer 1894 diesbezüglich aus:

> Ebenso steht zu hoffen, dass wir über diejenigen elektrodynamischen Prozesse, welche direkt durch die Temperatur bedingt sind, wie sie sich namentlich in der Wärmestrahlung äußern, nähere Aufklärung erfahren können, ohne erst den mühsamen Umweg durch die mechanische Deutung der Elektrizität nehmen zu müssen. (B28, II, S. 170)

Plancks Forschungen zielten nicht allein darauf, endlich das lang gesuchte, allgemein gültige Strahlungsgesetz zu finden. Er wollte damit auch den inneren Zusammenhang zwischen den beiden noch isoliert zueinander stehenden Gebieten von Thermo- und Elektrodynamik aufspüren und so beide Gebiete zu einer Thermodynamik der Strahlung vereinen. Planck ging es um nicht weniger, als die letzte Lücke im damals fast vollendet scheinenden Bau der klassischen Physik zu schließen, d. h. diesem grandiosen Gebäude den Schlussstein einzufügen. Mit einer solchen Vereinheitlichung wären dann alle physikalischen Phänomene auf die Gesetze der Newton'schen Mechanik zurückführbar gewesen, womit diese endlich den lang gesuchten krönenden Abschluss erhalten hätte – im Sinne einer einheitlichen Theorie für alle physikalischen Phänomene.

Am Anfang seiner Beschäftigung mit dem Problem des Strahlungsgleichgewichts setzte sich Planck zunächst mit der Modellvorstellung des linearen bzw. harmonischen Oszillators auseinander. Dieser war 1889 durch Heinrich Hertz als sogenannter Hertz'scher Oszillator in die Physik bzw. Elektrodynamik eingeführt worden, um die Emissions- und Absorptionsprozesse elektromagnetischer Vorgänge, insbesondere die Emission und Absorption Hertz'scher Wellen, zu beschreiben. Diese Oszillatoren dachte sich Hertz als linear schwingende elektrische Dipole. Planck übernahm diese Modellvorstellung, um sie auf «die Frage nach den stationären Strahlungsvorgängen innerhalb eines mechanisch ruhenden Mediums, welches sich auf gleichmäßiger konstanter Temperatur befindet und von Körpern nämlicher Temperatur umgeben ist», d. h. auf einen Schwarzen Körper, anzuwenden (P1, Bd. 1, S. 458). Im März 1895 und im Februar 1896 berichtete er darüber vor der Berliner Akademie und zeigte, dass

> das Kirchhoffsche Gesetz von der Proportionalität des Absorptions- und des Emissionsvermögens eine unmittelbare Folge dieses Verhaltens [solcher Resonatoren – D. H.] ist. Zur Berechnung der Schwingungsamplitude braucht man auf die Natur der emittierenden Teilchen nicht näher einzugehen, es genügt die Voraussetzung, dass die Dimension der Schwingungszentren klein ist gegen die Wellenlänge, wie das z. B. auch der Fall ist, wenn man hinreichend kleine Schwingungen ponderabler Masse mit konstanten elektrischen Ladungen annimmt. (P1, Bd. 1, S. 458)

Planck hat die Idee der «Planck'schen Resonatoren» – so werden seither in der Physik solche fiktiven und mit einer charakteristischen Frequenz ν schwingenden Körper bezeichnet – dann in den folgenden Jahren weiter ausgebaut und insbesondere auf die in einem Hohlraum eingeschlossene elektromagnetische Strahlung und das sich dort ausbildende Strahlungsgleichgewicht angewandt. Diese schwingenden Resonatoren sollten in der Vorstellung Plancks den Energieaustausch zwischen Strahlungsemission und -absorption vermitteln. Die Ergebnisse seiner Untersuchungen legte er zwischen 1897 und 1899 in einer Serie von fünf Aufsätzen «Über irreversible Strahlungsvorgänge» dar. Dabei ließ sich zwar seine ursprüngliche Hoffnung, im Strahlungsverhalten eines Hohlraums die lang gesuchte Begründung für die Irreversibilität zu finden, nicht bestätigen, doch gelang ihm die Aufstellung einer Zustandsfunktion, die sich als Entropie (S) des betrachteten Strahlungssystems (d.h. der Resonatoren) deuten ließ. Der gefundene Ausdruck lautete

$$S = -\frac{E}{\mathrm{a}\nu} \ln \frac{E}{\mathrm{eb}\nu},$$

wobei E die Energie des Resonators, ν dessen Frequenz und a bzw. b wiederum universelle Konstanten sind.

Diese Beziehung liefert mit

$$\frac{\mathrm{d}S}{\mathrm{d}E} = \frac{1}{T} \text{ und } E = \mathrm{b}\nu\mathrm{e}^{-\frac{\mathrm{a}\nu}{T}}$$

die schon erwähnte theoretische Ableitung des Wien'schen Strahlungsgesetzes.

Planck trug über seine diesbezüglichen Forschungsergebnisse im Mai 1899 in einer Sitzung der Preußischen Akademie der Wissenschaften vor und vertrat dabei auch die Überzeugung, dass die von ihm gewählte

> Strahlungsentropie und damit auch das Wien'sche Energieverteilungsgesetz eine nothwendige Folge der Anwendung des Principes der Vermehrung der Entropie auf die elektromagnetische Strahlungstheorie ist und dass daher die Grenzen der Gültigkeit dieses Gesetzes, falls solche überhaupt existiren, mit denen des zweiten Hauptsatzes der Wärmetheorie zusammenfallen (P1, Bd. 1, S. 663).

Das heißt, das Wien'sche Strahlungsgesetz sollte «allgemeine Gültigkeit» besitzen. In diesem Zusammenhang wurde von Planck im Übrigen auch schon die später als elementares Wirkungsquantum *h* bezeichnete Naturkonstante eingeführt und darauf hingewiesen, dass diese in Kombination mit Lichtgeschwindigkeit (*c*) und Gravitationskonstante (*G*) die Möglichkeit eröffnet,

> Einheiten für Länge, Masse, Zeit und Temperatur aufzustellen, welche … ihre Bedeutung für alle Zeiten und für alle, auch außerirdische und außermenschliche Culturen nothwendig behalten und welche daher als «natürliche Maßeinheiten» bezeichnet werden können (P1, Bd. 1, S. 666).

Dass die Bedeutung dieser neuen Konstante sich indes nicht auf das Gebiet der Metrologie und der Begründung natürlicher Maßeinheiten beschränkt und dass auch das Wien'sche Gesetz keineswegs Allgemeingültigkeit beanspruchen konnte, sollte Planck schon wenige Monate später feststellen.

Nachdem es im Bereich hoher Temperaturen und langer Wellen schon früher Abweichungen zwischen den Messungen und der Theorie gegeben hatte – von denen man allerdings meinte, dass sie auf systematische Messfehler zurückgingen –, ergaben jedoch im Sommer 1900 Untersuchungen von Heinrich Rubens und Ferdinand Kurlbaum, die als Gastmitarbeiter an der Reichsanstalt mit der sogenannten Reststrahlenmethode Messungen im äußersten Ultrarot durchführten, so gravierende Abweichungen von der Wien'schen Strahlungsformel, dass sich diese nicht mehr wegdiskutieren ließen. Bevor darüber auf einem Kolloquium der Physikalischen Gesellschaft berichtet wurde, informierte Rubens seinen Theoretikerkollegen über die neuen Messergebnisse. Planck und Rubens verband nicht nur eine kollegiale Freundschaft, sondern Planck galt eben wegen seiner intensiven Beschäftigung mit dem Wärmestrahlungsproblem unter den Physikern als die Autorität auf diesem Gebiet. Gerhard Hettner, damaliger Doktorand von Rubens, gab über den Besuch später den folgenden Bericht:

> Als am Sonntag, dem 7. Oktober 1900, Rubens mit seiner Frau bei Planck einen Besuch machte, kam das Gespräch auch auf die Messungen, mit denen Rubens beschäftigt war. Er erzählte, dass bei seinen längsten Wellen das kürzlich von Lord Rayleigh aufgestellte Gesetz … gelte. Eine allgemeingültige Strahlungsformel müsse jedenfalls für große $\lambda \cdot T$ in diese Form übergehen. (B13, S. 1036).

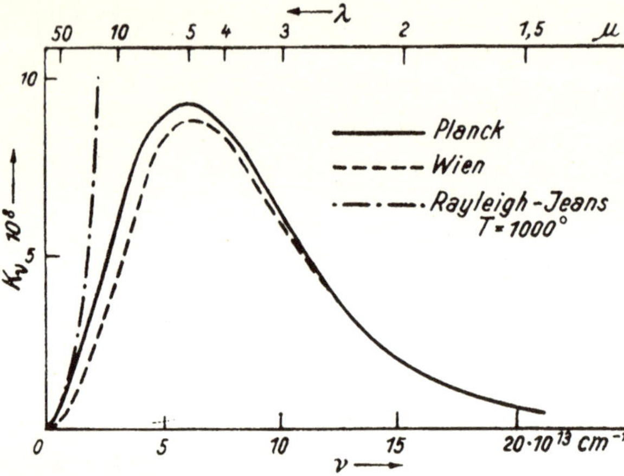

Abb. 7: Die Strahlungsgesetze für den Schwarzen Körper nach Max Planck, Wilhelm Wien sowie John William Rayleigh und James Jeans (aus M9, S. 31)

Dieser Hinweis veranlasste Planck, seine bisherigen Arbeiten zur Wärmestrahlungstheorie und insbesondere die Ableitung des Wien'schen Strahlungsgesetzes zu überdenken. Noch am selben Abend fand er eine «glücklich erratene Interpolationsformel» für die mitgeteilten Messergebnisse und teilte dies auch Rubens auf einer Postkarte mit. Wenige Tage später traf man sich erneut, wobei Rubens seinem Kollegen berichten konnte, dass «die neue Formel vorzüglich mit seinen Beobachtungen (überein)stimme»; bei kurzen Wellen und tiefen Temperaturen ging sie in das Wien'sche Strahlungsgesetz über, das damit als Grenzfall im Planck'schen Strahlungsgesetz ebenfalls enthalten war.

Auf der Sitzung der Physikalischen Gesellschaft, die auf den 19. Oktober 1900 angesetzt war, gab dann Ferdinand Kurlbaum einen Bericht zu den gemeinsam mit Rubens durchgeführten Experimenten «Über die Emission langer Wellen durch den Schwarzen Körper bei verschiedenen Temperaturen» (A22). In der sich anschließenden «eingehenden» Diskussion präsentierte Planck in einem vorbereiteten Diskussionsbeitrag erstmals seine Strahlungsformel der wissenschaftlichen Öffentlichkeit. Diese hatte er durch Probieren bzw. eine formale Abänderung seines früheren Entropieausdrucks für die Planck'schen Oszillatoren erhalten. Statt den durch das Wien'sche Strahlungsgesetz vorgegebenen Entropieausdruck

$$\frac{d^2S}{dE^2} = \frac{\text{const}}{E}$$

setzte er

$$\frac{d^2S}{dE^2} = \frac{\text{const}}{E\,(E + \text{const})},$$

womit er durch Integration und über mehrere Zwischenschritte die neue (Planck'sche) Strahlungsformel erhielt:

$$\rho(\nu,T) = \frac{A\nu^3}{e^{\frac{B\nu}{T}} - 1},$$

wobei A und B wiederum universelle Konstanten sind, die unbestimmt und noch experimentell anzupassen waren. Die Formel stimmte mit den bekannten Messergebnissen ausgezeichnet überein.

Acht Wochen spater, am 14. Dezember 1900, und wiederum auf einer Sitzung der Physikalischen Gesellschaft (A22), lieferte dann Planck eine erste physikalische Begründung seines ad hoc eingeführten Strahlungsgesetzes bzw. der «glücklich erratenen Interpolationsformel», in der nicht nur das elementare Wirkungsquantum *h* auftaucht, sondern die sich vor allem auf eine neue (statistische) Behandlung der Strahlungsoszillatoren und ihrer Entropie gründete. Dieser Tag gilt heute nach M. v. Laue gemeinhin als «Geburtstag der Quantenphysik», obwohl Planck damals noch keinerlei konkrete Vorstellungen von einer «Quantenhypothese» besaß und sich die Erkenntnis über deren Bedeutung erst im folgenden Jahrzehnt durchsetzen sollte (vgl. B11).

Im Mittelpunkt der damaligen Überlegungen Plancks stand vielmehr, dass er seine bisherige Skepsis gegenüber der statistischen Physik Boltzmanns und dem ihr zugrunde liegenden Atomismus aufgab. Wie schon in Kapitel 2 näher ausgeführt, hatte

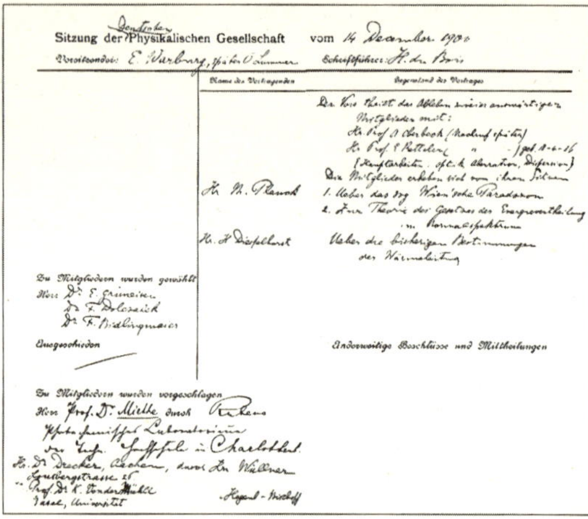

Abb. 8: Protokoll der Sitzung der Physikalischen Gesellschaft am 14. Dezember 1900, dem «Geburtstag der Quantenphysik»

Planck seine bisherigen thermodynamischen Arbeiten und seine Überlegungen über die Bedeutung des zweiten Hauptsatzes und der Entropie konsequent im Gegensatz zu Boltzmann und «unter Verzichtleistung auf den Gebrauch irgendwelcher spezielerer Hypothesen über die Natur der Wärme» entwickelt. Diesen Pfad einer rein phänomenologischen Thermodynamik ist Planck dann bis zum Herbst 1900 mehr oder weniger konsequent und im bewussten Gegensatz zu Boltzmann gefolgt. Dessen atomistisch-wahrscheinlichkeitstheoretische Begründung hatte vor allem deswegen für ihn «nichts verlockendes, weil jedes Wahrscheinlichkeitsgesetz auch Ausnahmen zulässt» und damit «die ausnahmslose Gültigkeit des zweiten Hauptsatzes» infrage gestellt war. Erst die physikalische Begründung seiner ad hoc aufgestellten Strahlungsformel machte Planck klar, dass er damit einem Vorurteil gefolgt war. Sich den physikalischen Tatsachen, d.h. den Messergebnissen seiner Kollegen von der Reichsanstalt, stellend, war er «zu jedem Opfer (seiner) bisherigen physikalischen Überzeugungen bereit» und gab seine Vorbehalte gegenüber dem Atomismus und damit auch seine Überzeugung von der absoluten Gültigkeit der Naturgesetze auf. In einem «Akt der Verzweiflung» – wie er dies selbst rückblickend 1931 in einem Brief an den amerikanischen Physiker William Woods beschrieben hat (B11, S. 31) – machte er sich nun die bis dahin strikt abgelehnte Boltzmann'sche wahrscheinlichkeitstheoretisch-atomistische Begründung der Entropie zu eigen und bestimmte auf dieser Grundlage die Entropiefunktion der Strahlungsoszillatoren.

Dabei griff er direkt auf Boltzmanns Arbeit zur Gasstatistik aus dem Jahr 1877 zurück (L1). Analog zur Methode, die Boltzmann für die Statistik seiner Gasatome benutzt hatte, unterteilte Planck die möglichen (kontinuierlichen) Energiezustände seiner (identischen) Strahlungsoszillatoren in Zellen konstanter, aber nicht beliebig kleiner Größen bzw. «Energieelemente» ε: 0ε bis 1ε; 1ε bis 2ε; 2ε bis 3ε; usw. usw. Aus der Anzahl der möglichen Verteilungen ließ sich dann die Wahrscheinlichkeit des betreffenden Zustandes ermitteln und daraus die gesuchte Entropie der Oszillatoren sowie die Energiedichte des Strahlungsfeldes bestimmen. Da außerdem das Wien'sche Verschiebungsgesetz die Proportionalität zwischen der Energie (E) und der Frequenz (ν) fordert, wurde $E = h\nu$ gesetzt, so dass man schließlich das endgültige Planck'sche Strahlungsgesetz erhielt:

$$\rho(\nu,T) = \frac{8\pi\nu^2}{c^3}\frac{h\nu}{e^{\frac{h\nu}{kT}}-1},$$

Dieses enthält neben den variablen Größen Temperatur (T) und Frequenz (ν) nur noch die drei fundamentalen Naturkonstanten: die Boltzmann-Konstante (k), die Lichtgeschwindigkeit (c) und das (Planck'sche) Wirkungsquantum (h). Dies wird Planck mit besonderer Genugtuung erfüllt haben, interessierten ihn doch in der Physik vor allem «die großen allgemeinen Gesetze, die für sämtliche Naturvorgänge Bedeutung besitzen, unabhängig von den Eigenschaften der an den Vorgängen beteiligten Körper» (P1, Bd. 3, S. 255).

Bedeutsam war zudem, dass das neue Strahlungsgesetz Präzisionsbestimmungen dieser Naturkonstanten erlaubte, deren Genauigkeit – wie Messungen bald zeigen sollten – die bislang bekannten Methoden und Werte in den Schatten stellte (L30). Planck selbst hat dann in den folgenden Wochen seine in den beiden Vorträgen vor der Physikalischen Gesellschaft dargelegten Erkenntnisse zusammengefasst und als separaten Aufsatz in den *Annalen der Physik* veröffentlicht (P1, Bd. 1, S. 698–706).

In seinen Originalarbeiten wurden von Planck keinerlei konkrete Ausführungen zur physikalischen Bedeutung der eingeführten «Energiezellen» gemacht, weshalb das von ihm gewählte Verfahren kaum etwas mit dem gemein hat, was wir im modernen Sinne unter Quantisierung verstehen. Darauf hat erstmals 1978 mit aller Konsequenz der amerikanische Wissenschaftshistoriker Thomas S. Kuhn hingewiesen (B33). Kuhns Einschätzung ist nicht ohne Widerspruch geblieben, doch folgen heute die meisten Physikhistoriker im Grundsatz der Kuhnschen Argumentation, dass das Planck'sche Vorgehen keine Quantisierung der Resonatoren im modernen Sinne bedeutet (vgl. B7; B8). Dennoch markierte Plancks Ableitung des Strahlungsgesetzes den ersten Schritt bei der Einführung des Quantenkonzepts in die Physik. Planck selbst sprach erst um 1908 explizit von diskreten Energiezuständen seiner Resonatoren, und noch 1906 in seinen Vorlesungen zur Theorie der Wärmestrahlung, die Plancks bisherige Arbeiten über die Strahlung des Schwarzen Körpers zusammenfassten, warnte er vor unbegründeten Spekulationen über die physikalische Bedeutung des «Wirkungselements» *h*; für ihn war überhaupt, wie er 1910 feststellte, «bei der Einführung der Wirkungsquanten *h* in die Theorie so konservativ als möglich zu verfahren, d. h., es sind an der bisherigen Theorie nur solche Änderungen zu treffen, die sich als absolut nötig herausgestellt haben» (P1, Bd. 2, S. 247).

Generell lässt sich sagen, dass sich zunächst weder Planck noch seine Zeitgenossen der Tragweite des neuen Strahlungsgesetzes und der fundamentalen Bedeutung der Naturkonstante h bewusst waren. Man «hatte eben eine Formel gefunden, die anscheinend die Strahlungsverhältnisse richtig beschrieb. Aber ob an den Quanten etwas fundamentales Neues war oder nicht, dass wusste (man) nicht», hat Peter Debye einmal rückblickend festgestellt (A23). Den Beginn unseres modernen Verständnisses vom quantenhaften Charakter atomaren Geschehens und der zentralen Rolle von h bei dessen Beschreibung markieren erst Albert Einsteins Lichtquantenhypothese aus dem Jahr 1905 sowie seine und Paul Ehrenfests kritische Analyse des Planck'schen Strahlungsgesetzes (1905/06) (L4). Diese Analysen machten zudem erstmals deutlich, dass das Planck'sche Strahlungsgesetz in einem unauflösbaren und grundsätzlichen Widerspruch zu den Grundlagen der klassischen Physik steht. Aber auch dann bedurfte es noch etwa eines Jahrzehnts, bis sich die revolutionären Konsequenzen der Planck'schen Quantenhypothese durchsetzten und quantenphysikalische Probleme endgültig ins Zentrum der physikalischen Forschung rückten (B11).

Die Wende in diesem Prozess brachte die erste Solvay-Konferenz im Herbst 1911. Zu dieser hatte der belgische Großindustrielle und Wissenschaftsmäzen Ernest Solvay die führenden zeitgenössischen Physiker nach Brüssel eingeladen, um endlich bzw. weiteren Aufschluss über die Konsequenzen des Strahlungsproblems für die künftige Entwicklung der Physik zu gewinnen. Obwohl Planck den Zielen der Konferenz sehr skeptisch gegenüberstand, gehörte er zu ihren Mitinitiatoren und ihrem exklusiven Teilnehmerkreis. Auch wenn man keine konkreten Lösungsvorschläge für das Problem des Versagens der Theorie bei der Beschreibung des Strahlungsverhaltens eines Schwarzen Körpers entwickeln konnte und der «Kongress» – wie Einstein seinem Freund Michele Besso resümierend schrieb – «einer Wehklage auf den Trümmern Jerusalems ähnlich sah» (L9, Bd. 5, S. 380), ging man doch in dem Bewusstsein auseinander, dass es sich hierbei um eines der zentralen Probleme aktueller physikalischer Forschung handele. Nach Hause zurückgekehrt, wurden in Kolloquien, Seminaren und gerade auch im persönlichen Gespräch die in Brüssel diskutierten Fragen weiter erörtert und dabei nicht zuletzt die jüngere Physikergeneration an die neue Quantentheorie herangeführt. So erging es beispielsweise dem jungen Louis de Broglie, der durch seinen älteren Bruder Maurice, einem der Sekretäre der Konferenz, zum Studium der Sitzungsprotokolle angeregt wurde und anschließend gelobte, sich «mit aller Kraft zu bemühen, die wahre Natur der mysteriösen Quanten zu verstehen, die Planck zehn Jahre zuvor in die theoretische Physik eingeführt hatte, deren tiefe Bedeutung man damals jedoch noch nicht erfasst hatte» (B11, S. 159).

Auch Max Planck war in den folgenden Jahren darum bemüht, die Natur der von ihm eingeführten «Quanten» besser verstehen zu lernen. «Von Natur ... friedlich und bedenklichen Abenteuern abgeneigt» (B11, S. 31), versuchte er dabei, von den Grundprinzipien der klassischen Physik so viel als möglich zu bewahren – dazu gehörte nicht zuletzt, an der bislang so erfolgreichen klassischen Wellentheorie des Lichts möglichst festzuhalten. In diesem Sinne entwickelte er 1911/12 seine sogenannte zweite Quantentheorie, bei der lediglich der Emissionsvorgang der Strahlung diskontinuierlich, die Absorption dagegen kontinuierlich erfolgen sollte; zwei Jahre später folgte Plancks «dritte Quantentheorie», die auch beim Emissionsvorgang keine diskreten Quanteneffekte mehr kannte. Diese sollten erst bei der Wechselwirkung zwischen den Oszillatoren und freien Teilchen entstehen (P1, Bd. 2, S. 249–268; S. 330–335). All das erscheint uns heute als sehr artifiziell, doch spiegeln Plancks Versuche nicht nur seinen Konservatismus wider, sondern sie waren vielmehr Ausdruck einer generellen Strömung in der damaligen Physik, standen doch viele Physiker der Einstein'schen Lichtquantenhypothese höchst kritisch gegenüber, fanden diese viel zu radikal und zögerten, die Grundlagen der bewährten Maxwell'schen elektromagnetischen Lichttheorie allzu schnell aufzugeben. Planck fasste diese Bedenken zusammen, als er anlässlich der Wahl Einsteins in die Berliner Akademie in seiner Laudatio noch 1913 erklärte, dass Einstein

> in seinen Spekulationen gelegentlich auch einmal über das Ziel hinausgeschossen haben mag, wie z. B. in seiner Hypothese der Lichtquanten, wird man ihm nicht allzu schwer anrechnen dürfen; denn ohne einmal ein Risiko zu wagen, lässt sich auch in der exaktesten Naturwissenschaft keine wirkliche Neuerung einführen (B28, I, S. 202).

Abb. 9: Die erste Solvay-Konferenz in Brüssel, Oktober 1911

Abb. 10: Niels Bohr (1885–1962) und Max Planck in Kopenhagen, 1930

Die Entwicklung der Quantentheorie ist sehr schnell über solche Bedenken und alle Versuche einer klassischen Reinterpretation der Quantenhypothese hinweggegangen, Allerdings haben gerade diese Planck'schen Arbeiten zu Begriffsbildungen geführt, die für die spätere Forschung von großer Bedeutung wurden. So wies Planck auf die Existenz einer Nullpunktsenergie hin, d.h. auf die Tatsache, dass es selbst am absoluten Nullpunkt der Temperatur noch atomare Restschwingungen gibt (P1, Bd. 2, S. 256).

Nach der Aufstellung des Bohr'schen Atommodells blieb Planck an den Diskussionen um die Quantentheorie des Atombaus beteiligt, wobei im Mittelpunkt seiner Interessen die Quantisierung des Phasenraums und die Quantenstatistik des Bohrschen Atommodells standen. Seine diesbezüglichen Arbeiten können zudem als Versuche gewertet werden, Quantentheorie und Thermodynamik zusammenzubringen. Dies führte zu einem engen brieflichen Diskussionskontakt mit den Protagonisten der damaligen Quantentheorie, namentlich mit Arnold Sommerfeld und Erwin Schrödinger. Dass er mit Schrödinger im Vorfeld seiner revolutionären Arbeiten zur Wellenmechanik intensiv über Fragen der Gasentartung und Statistik korrespondierte, zeigt, dass er auch hier zumindest in der Nebenrolle eines kompetenten Kommentators und verständnisvollen Kritikers zu den Wegbereitern der aktuellen Entwicklungen auf diesem Gebiet gehörte; auch wenn Letztere fest in den Händen der jüngeren Generation lag, die schließlich die Quantenmechanik in ihrer heutigen Form mit ihren unser gesamtes Leben berührenden Konsequenzen begründete (vgl. B32).

5. Repräsentant der deutschen Wissenschaft

Mit seinen thermodynamischen Untersuchungen und den Erfolgen in der Wärmestrahlungstheorie war Max Plancks wissenschaftliche Reputation so gewachsen, dass er um die Jahrhundertwende zu den führenden zeitgenössischen Physikern gehörte; nicht zuletzt die Einladung zur Brüsseler Solvay-Konferenz, einem Gipfeltreffen der damaligen Physik, dokumentierte diese Wertschätzung. Die Auszeichnung mit dem Physik-Nobelpreis des Jahres 1918, der ihm 1920 verliehen wurde und für den er in den Jahren zuvor wiederholt vorgeschlagen worden war (L5), bestätigte dies ebenso. Die Jahre vor dem Ersten Weltkrieg markierten aber noch in anderer Beziehung die Entwicklung Plancks zu einer Zentralfigur der zeitgenössischen Physik. Er profilierte sich in dieser Zeit zunehmend zum Repräsentanten der Berliner, darüber hinaus auch der gesamten deutschen *scientific community*. Als solcher übernahm er jene Rolle, die vor ihm der 1894 verstorbene Hermann von Helmholtz eingenommen hatte. Wie sein Patron und Idol begnügte sich auch der reife Planck nicht damit, allein für den eigenen Forscherruhm zu sorgen, sondern er empfand und praktizierte vielmehr Verantwortung für das Schicksal der Gesamtwissenschaft. Dieses Engagement entsprach sowohl seinem beruflichen Ethos und seiner preußischen Pflichtauffassung als auch der Überzeugung, dass der moderne

Wissenschaftsbetrieb optimal nur dann funktionieren kann, wenn die damit verbundenen Aufgaben und Anforderungen nicht allein der staatlichen Bürokratie übertragen werden. Vielmehr sollte sich der Forscher selbst diesen Aufgaben stellen und der Wissenschaftsbetrieb weitgehend vom Prinzip der Selbstverwaltung geprägt sein. In seiner zweiten Lebenshälfte hat Planck zunehmend wissenschaftsleitende Funktionen übernommen und in diesen, gepaart mit seiner großen fachlichen Autorität, einen nachhaltigen und bis in die 1930er Jahre stetig wachsenden Einfluss auf die Wissenschafts- und Forschungspolitik in Deutschland ausgeübt.

Plancks Engagement in der wissenschaftlichen Selbstverwaltung setzte mit seinen Aktivitäten in der Physikalischen Gesellschaft ein. Diese älteste deutsche fachwissenschaftliche Gesellschaft war 1845 als Physikalische Gesellschaft zu Berlin gegründet worden und hatte sich sehr schnell zu einer der zentralen Wissenschaftsinstitutionen in der Stadt mit überregionaler Ausstrahlung entwickelt (vgl. L34). Sie repräsentierte gewissermaßen das damalige Establishment auf dem Gebiet der Physik. Für Planck war es deshalb keine Frage, dass er unmittelbar nach seiner Übersiedlung nach Berlin im Frühjahr 1889 Mitglied der Gesellschaft wurde. Die Gesellschaft hatte damals etwas mehr als 200 Mitglieder und repräsentierte ein wichtiges fachwissenschaftliches und gesellschaftliches Netzwerk; ihr damaliger Vorsitzender war Hermann von Helmholtz, der sogenannte «Reichskanzler der Physik». Zu ihren wichtigsten Aktivitäten gehörte das Physikalische Kolloquium, auf dem über die aktuellen Entwicklungen des Faches berichtet wurde und das, zusammen mit den Nachsitzungen, sicherlich auch darüber hinaus ein «Jahrmarkt» für Informationen aller Art war. Es fand während des Semesters vierzehntägig, «am Freitag Abends 7½ Uhr», im Bibliotheksraum des Physikalischen Instituts am Reichstagsufer statt – dort saß man um einen langen Tisch, an dessen Haupt der Vorsitzende das Kolloquium leitete. Planck gehörte zu seinen regelmäßigen Besuchern und trug dort wiederholt über seine Forschungsergebnisse vor; nicht zuletzt über seine fundamentalen Arbeiten zum Strahlungsgesetz am

14. Dezember 1900, dem «Geburtstag der Quantenphysik». Anlässlich seines 80. Geburtstages berichtete er:

> ... in Bezug auf die Zahl der Sitzungen, die ich im ganzen besucht habe, kann ich es mit jedem anderen Mitglied aufnehmen. Besonders um die Jahrhundertwende gab es kaum eine Sitzung, in der ich nicht zugegen war, und kaum eine Nachsitzung, die ich versäumt habe. (P1, Bd. 3, S. 406 f.)

Seit Mitte der 1890er Jahre wuchs Planck mehr und mehr aus der Rolle des passiven Kolloquiumbesuchers in die eines Aktivpostens der Gesellschaft hinein. Er wurde zunehmend in Leitungsentscheidungen einbezogen und gewann so direkten Einfluss auf die Aktivitäten und das Profil der Physikalischen Gesellschaft. Als langjähriger Schatzmeister und Beisitzer im Vorstand sowie als dreimaliger Vorsitzender der Gesellschaft gehörte er sogar für viele Jahre zu ihrem engeren Führungskreis. Auch nach seinem Rückzug aus diesen Ämtern nach dem Ersten Weltkrieg nahmen sein Einfluss und seine Autorität in der Gesellschaft kaum ab. Als im Jahre 1899 die Physikalische Gesellschaft zu Berlin zur Deutschen Physikalischen Gesellschaft (DPG) wurde und sich damit für die gesamte deutsche Physikerschaft öffnete, gehörte er zu den maßgeblichen Kräften dieses Prozesses und war federführend an der Ausarbeitung der neuen Statuten beteiligt.

Seine gewachsene Rolle und seine Reputation zeigt auch die Tatsache, dass er seit 1895 – in der Nachfolge von Helmholtz – Verantwortung für die Herausgabe der *Annalen der Physik* übernahm. Diese wurde gewissermaßen im Auftrag der DPG herausgegeben und profilierte sich in jener Zeit zu einer modernen und international führenden Physikzeitschrift. Dieser Prozess wurde durch Planck weiter vorangetrieben, und seine Stellung in der Geschichte der Zeitschrift kann als einzigartig bezeichnet werden. Er blieb ihr bis zu seinem Tode, d. h. über ein halbes Jahrhundert, eng verbunden; seit 1906 sogar als ihr Redakteur und Mitherausgeber (B25). Keineswegs zufällig trug man ihm im Jahr 1927 für seine Verdienste um die DPG die

Abb. 11: Max Planck in seinem Arbeitszimmer, um 1920

Ehrenmitgliedschaft an, und zwei Jahre später, anlässlich seines fünfzigjährigen Doktorjubiläums, wurde die Max-Planck-Medaille unter maßgeblicher Beteiligung der Industrie gestiftet. Die ersten Preisträger waren Planck selbst und Einstein. Die Medaille gilt bis heute als die renommierteste Auszeichnung der Gesellschaft, und die Liste ihrer Träger stellt ein *Who is who* der modernen Physik dar (vgl. B2). Darüber hinaus wurden Plancks «runde Geburtstage», der 60. im Jahre 1918 (M8; Z1) und insbesondere der 80. Geburtstag im April 1938 (P1, Bd. 3, S. 402–416; Z3), zu Festsitzungen der DPG ausgestaltet, die nicht nur den Jubilar ehrten, sondern ebenfalls der Selbstdarstellung der Gesellschaft dienten. Höchst absichtsvoll bediente man sich dabei des Ansehens und symbolischen Kapitals von Planck, um sich selbst zu feiern und die Anerkennung der DPG in Politik und Gesellschaft zu befördern. All dies stellt eine beeindruckende Bilanz von Plancks Wirken für die Physikalische Gesellschaft dar, die in ihrer über 150-jährigen Geschichte bis heute beispiellos geblieben ist (B24).

Nachdem Max Planck schon 1903 für ein Jahr Dekan der Philosophischen Fakultät gewesen war, wählten ihn seine Universitätskollegen für das Studienjahr 1913/14 zum Rektor der Universität. Damit fiel ihm ein Amt zu, das nicht nur inneruniversitär zentrale Bedeutung besaß, sondern ebenso nach außen mit großem Ansehen und gesellschaftlichem Einfluss verbunden war, galt die Berliner Friedrich-Wilhelms-Universität doch nicht nur als größte und erste Universität Deutschlands, sondern ihre Professorenschaft verstand sich nach den Worten von Emil du Bois-Reymond, einem Amtsvorgänger Plancks, auch als das «geistige Leibregiment der Hohenzollern» (L6, S. 354). Das

Rektorat repräsentierte so eine hohe gesellschaftspolitische Position, und man trug es Gelehrten an, die über großes wissenschaftliches Ansehen und Akzeptanz unter den Fachkollegen verfügten sowie darüber hinaus die gesellschaftspolitischen Werte der Universität und des preußischen Staates verkörperten. In diesen Punkten bot Planck keinerlei Anlass zur Besorgnis. Nicht nur in wissenschaftlichen Dingen war er «von Natur friedlich und bedenklichen Abenteuern abgeneigt», auch in gesellschaftspolitischen Fragen setzte er auf das Bewährte, dachte und handelte er konservativ und staatstreu. Seine vaterländische Gesinnung und die Verehrung für das Haus Hohenzollern standen außer Frage. Plancks politische Haltung und Ansichten wurzelten einerseits in den familiären Prägungen des deutschen Protestantismus und waren durch Staatsfrömmigkeit und eine strenge Pflichtauffassung geprägt; andererseits korrespondierten sie mit den gesellschaftlichen Idealen des deutschen Kaiserreichs, seinem Aufstieg zu einer imperialen Großmacht und zur führenden Wissenschafts- und Industrienation. Auf diesen Aufstieg gründeten sich patriotischer Stolz, der zuweilen auch in Chauvinismus abgleiten konnte, sowie eine ausgeprägte Loyalität gegenüber der Krone und dem sie tragenden Gesellschaftssystem – darin wurde keineswegs zufällig, wie die Biographie und der gesellschaftliche Aufstieg Plancks dokumentieren, der Garant der eigenen Entwicklung und Erfolge gesehen.

Als im Sommer 1914 der Erste Weltkrieg ausbrach, gehörte Planck ohne Wenn und Aber zu jener «nationalistisch-militaristischen Einheitsfront», die aus vermeintlicher Vaterlandsliebe zur rückhaltlosen Unterstützung der deutschen Kriegsführung bereit war und den Krieg heroisierte: «... Welch herrliche Zeit ist es, die wir erleben», bekannte er gegenüber seinem Schwager Max Lenz, und seinem Sohn Erwin schrieb er am 2. August 1914 ins Militärlager:

> Gestern leitete ich die Rektoratswahl gerade zur selben Stunde, als die allgemeine Mobilmachung verkündet wurde ... Morgen ist die Festrede in der Universität, zu der auch der Minister persönlich kommen wird. Natürlich wird die Feier patriotisch ausklingen. (A3)

Die Feier, das jährliche Stiftungsfest der Universität, ließ Planck nicht nur patriotisch ausklingen, sondern seine Festrede über «Dynamische und statistische Gesetzmäßigkeiten» wurde von emphatischen Ausführungen über «Gewissenhaftigkeit und Treue» umrahmt. Planck beschwor dabei das

> sich nun wendende Blatt der Weltgeschichte ... daß es um Gut und Blut, um die Ehre und vielleicht um die Existenz des Vaterlandes gehen wird. Aber wir sehen und fühlen auch, wie sich bei dem furchtbaren Ernst der Lage alles, was die Nation an physischen und psychischen und sittlichen Kräften ihr eigen nennt, mit Blitzschnelle in eins zusammenballt und zu einer den Himmel lodernden Flamme heiligen Zorns sich entzündet ... doch nur, wenn ein jeder, ob alt oder jung, ob hoch oder niedrig, gewissenhaft und treu auf dem ihm vom Schicksal gewiesenen Posten ausharrt. (P1, Bd. 3, S. 77)

Auch gegenüber Wilhelm Wien, seinem Würzburger Physikerkollegen und Mitherausgeber der *Annalen der Physik*, beschwor Planck das Bild des Burgfriedens, wenn er in seinem Brief vom 8. November 1914 von den «überwältigenden Umwälzungen» spricht, die

> die jetzigen weltgeschichtlichen Ereignisse im inneren und äußeren Leben der Menschen hervorbringen, und neben vielem Schrecklichem doch auch viel ungeheuer Großes und Schönes. Die glatte Lösung der schwierigsten innerpolitischen Fragen durch die Einigung aller Parteien, der Heldenmut der Kämpfer von Tsingtau, die Höherbewertung alles Tüchtigen und Echten, das sind Erfolge, die uns unter allen Umständen bleiben. Schade, daß unser einer nur indirekt mitwirken kann. (A3)

Wenige Wochen zuvor, bei der Rektoratsübergabe Anfang Oktober, bediente sich Planck des Hölderlin'schen Pathos und gedachte der «Helden», «die freudig, ohne Vorbehalt, ohne Klage, ihr junges hoffnungsreiches Leben für das Vaterland dahingaben; sie haben den köstlichsten Preis sich errungen!» (M3, S. 32)

Vor dem Hintergrund derart flammender Bekenntnisse überrascht es nicht, dass Planck zu den Unterzeichnern des berüchtigten Aufrufs «An die Kulturwelt» gehörte, mit dem die intellektuelle Elite Deutschlands sich gegen die vermeintliche Kriegspropaganda über deutsche Gräueltaten in Belgien wandte und Franzosen und Briten das Recht absprach, sich zu alleinigen Verteidigern der Zivilisation zu stilisieren; vielmehr legitimierte man den deutschen Militarismus vorbehaltlos mit dem Schutz deutscher Kultur: «Ohne den deutschen Militarismus wäre die deutsche Kultur längst vom Erdboden getilgt ... Deutsches Heer und deutsches Volk sind eins.» (L45, S. 158)

Zu so markigen Worten bekannten sich neben Planck und anderen Wissenschaftlerkollegen auch frühere intellektuelle Kritiker des Wilhelminischen Deutschland wie Gerhart Hauptmann oder Max Reinhardt. Es ist im Übrigen kaum von Belang, wie Plancks Unterschrift zustande kam. Ob sie in vollständiger Kenntnis des Aufrufs oder – wie zuweilen in der Literatur unter Bezugnahme auf Lise Meitner erwähnt (B36, S. 407) – durch telefonischen Abruf bzw. gar «ohne sein Zutun» erfolgte. Sie entsprach Plancks vaterländischer Überzeugung und seiner nationalkonservativen politischen Grundeinstellung; wohl auch seinem ausgeprägten Bemühen um politisch korrektes Verhalten. Dass man damals durchaus anders denken und handeln konnte und nicht zwangsläufig dem nationalistisch-militaristischen Wahn verfallen musste, macht das Beispiel Albert Einsteins deutlich, der bei Kriegsausbruch seinem Kollegen und Freund Paul Ehrenfest in den Niederlanden geschrieben hatte: «Unglaubliches hat nun Europa in seinem Wahn begonnen. In solcher Zeit sieht man, welch trauriger Viehgattung man angehört ... und (ich) empfinde nur eine Mischung aus Mitleid und Abscheu.» (L9, Bd. 8A, S. 56)

Bekanntlich hat Einstein dem markigen Bekenntnis seiner Kollegen den Aufruf «An die Europäer» entgegengesetzt (L9, Bd. 6, S. 69 f.), der die Macht der politischen Vernunft, eine möglichst rasche Beendigung des Krieges und allgemeine Völkerverständigung verlangte. Einsteins Aufruf zeigte, dass man im Wilhelminischen Deutschland durchaus bereit war, einem nichtpreußischen Akademiemitglied und Enfant terrible kritische Äußerungen gegenüber der allgemeinen Kriegsbegeisterung und «unpatriotisches» Verhalten nachzusehen. Bei einem höheren Beamten wie Planck, zumal in so herausgehobener akademischer Position, wäre dies wohl kaum tolerabel gewesen und hätte sicherlich zu Reaktionen des Staates geführt. Max Planck hat erst später und nicht zuletzt unter dem Druck der Reaktion seiner ausländischen Kollegen, insbesondere nach Diskussionen mit seinem hoch geschätzten holländischen Kollegen Hendrik Antoon Lorentz, zu einer differenzierten Haltung gefunden und sich ab 1916 vor allem in der Akademie dafür eingesetzt, dass die internationalen Wissenschaftsbeziehungen keine irreparablen Schäden durch Krieg und politische Intoleranz erfahren sollten. Beispielsweise wurde dank Plancks Initiative der geplante Ausschluss von Mitgliedern aus den «Feindländern» bis zum Kriegsende vertagt. Wie Planck in einem (offenen) Brief an Lorentz vom 27. Februar 1916 erklärte, war er fest davon überzeugt, dass man in Kriegszeiten zwar vor die Aufgabe gestellt sei, «dem Vaterland mit allen Kräften zu dienen», es aber ungeachtet dessen «Gebiete der geistigen und sittlichen Welt gibt, welche jenseits der Völkerkämpfe liegen, und daß ehrliche Mitwirkung bei der Pflege dieser internationalen Kulturgüter, wie auch nicht minder persönliche Achtung vor Angehörigen eines feindlichen Staates, wohl vereinbar ist mit glühender Liebe und tatkräftiger Arbeit für das eigene Vaterland» (A21).

Unter den vielen wissenschaftspolitischen Funktionen Plancks nahm die des beständigen Sekretars der Preußischen Akademie der Wissenschaften eine Sonderstellung ein. In dieses Amt war er im Frühjahr 1912 von seinen Akademikerkollegen gewählt worden – diesmal mit überwältigender Mehrheit, die seine gewachsene Akzeptanz im Kollegenkreis, aber auch den inzwischen erworbenen gesellschaftlichen Rang dokumentierte. Da der Akademie damals kein Präsident vorstand, es vielmehr je zwei die Geschäfte führenden Sekretare für die beiden Klassen dieser Gelehrtensocietät gab, die sich im Viermonatsrhythmus in der Führung der Amtsgeschäfte der Akademie ablösten, waren Planck und seine drei anderen Sekretarskollegen gleichsam temporär amtierende Akademiepräsidenten. Dieses Amt gehörte in jener Zeit zu den «wichtigsten wissenschaftlich-organisatorischen Stellungen, die ein Forscher, ohne ganz in den Staatsapparat überzugehen, bekleiden konnte» (M8, S. 1). Die Akademie war nicht nur der Ort, an dem die deutsche Gelehrtenelite ihre neuen Forschungsergebnisse präsentierte und diskutierte, sondern in ihren Gremien und nicht zuletzt am Rande der Sitzungen wurden darüber hinaus strategische Ideen zur Gestaltung des Wissenschaftsbetriebs bzw. der Wissenschaftspolitik erörtert. Planck wirkte in der Position eines beständigen Sekretars mehr als ein Vierteljahrhundert, zwischen 1912 und 1938, und nahm als solcher gestaltenden Einfluss auf die Geschicke der Akademie und gleichzeitig auf den Wissenschaftsbetrieb in Berlin und Deutschland insgesamt. Eine seiner ersten Aktivitäten als Sekretar war, die Berufung Einsteins an die Akademie und nach Berlin intensiv zu betreiben. Der Erfolg dieser Bemühungen und die Wahl Einsteins zum (hauptamtlichen) Mitglied der Akademie zählten sicherlich zu seinen Sternstunden in diesem Amt.

Weniger als Sternstunde, denn als Bedrohung erlebte Planck die politischen Vorgänge zum Ende des Krieges. Den militärischen Zusammenbruch, die Abdankung des Kaisers und die Ausrufung der Republik empfand er als «Tage des nationalen Unglücks», hatte er doch noch zu Beginn des Krieges auf dem Leibniztag der Akademie voller Pathos verkündet, dass «die Ehre der Preußischen Akademie der Wissenschaften aufgegangen (ist) in die Ehre des Preußischen Staates, mit dem sie unlösbar verbunden ist, mit dem sie blüht und gedeiht» (B21, S. 58). Dies alles war nun durch die politischen Entwicklungen des Herbstes 1918 infrage gestellt. Im Brieftagebuch notierte Planck im Dezember 1918:

> Alles erscheint einem klein und kaum erwähnenswert neben dem grossen furchtbaren, was unser liebes Vaterland getroffen hat – eine endgültige Niederlage, und noch schlimmer, der innere Kampf, in dem sich die noch übrig gebliebenen Kräfte gegenseitig zerfleischen. (P11, S. 192)

Gegenüber Einstein, dem geschätzten Kollegen und «vaterlandslosen Gesellen», hatte er zuvor deutlich gemacht:

> ... ich fühle etwas, was Sie allerdings gar nicht verstehen werden ... nämlich die Pietät und unverbrüchliche Zusammengehörigkeit gegenüber dem Staat, dem ich angehöre, auf den ich stolz bin gerade auch im Unglück, und der sich in der Person des Monarchen verkörpert.» (L9, 8B, S. 931)

Einziger Trost in dieser Zeit des politischen Umbruchs war, dass zumindest

> eins uns kein äußerer und innerer Feind genommen (hat): das ist die Stellung, welche die deutsche Wissenschaft in der Welt einnimmt ... wenn die Akademie jetzt ihre Sitzungen unterbrechen wollte, in der Erwägung, daß es in dieser stürmischen Zeit auf etwas mehr oder weniger Wissenschaft schließlich nicht viel ankommt, so würde das nach meinem Empfinden – und ich darf hier zugleich auch im Namen des ganzen Sekretariats sprechen – das Verkehrteste sein, was sie tun könnte. (B21, S. 59)

«Durchhalten und Weitermachen» war die Parole, die bewusst an eine andere Schicksalsstunde des preußischen Staates und der Monarchie erinnerte. Als diese zu Beginn des 19. Jahrhunderts, nach den dramatischen Niederlagen in den Napoleonischen Kriegen, ebenfalls in ihrer Existenz bedroht waren, hatte Friedrich Wilhelm III. damals nicht ohne Erfolg an die intellektuellen Reserven des deutschen Volkes appelliert: Durch geistige Kräfte sollte ersetzt werden, was an materiellen verloren gegangen war. Wissenschaft und Forschung avancierten damit gewissermaßen zur kontemplativen Fluchtburg des Gelehrten vor den Wechselfällen der Politik. Nachdem die militärischen und ökonomischen Machtfaktoren durch die katastrophale Kriegsniederlage obsolet geworden waren, sollte die Wissenschaft als letzter verbliebener Aktivposten für das Ansehen und die Weltgeltung Deutschlands stehen. Diesen Glauben an die Macht der Wissenschaft hat Planck im Herbst 1918 vor dem Plenum der Akademie so formuliert:

> Wenn die Feinde unserem Vaterland Wehr und Macht genommen haben, wenn im Innern schwere Krisen hereingebrochen sind und

vielleicht noch schwere bevorstehen, eins hat uns noch kein äußerer und innerer Feind genommen: das ist die Stellung, welche die deutsche Wissenschaft in der Welt einnimmt. (B21, S. 60)

Noch deutlicher findet man diesen Gedanken im Übrigen bei Fritz Haber formuliert, der in einem Brief aus dem Jahr 1926 feststellte:

Wir wissen sehr genau, daß wir den Krieg verloren haben und politisch ebenso wie wirtschaftlich nicht mehr im Vorstande der Welt sitzen. Aber wissenschaftlich glauben wir noch zu den Völkern zu zählen, die einen Anspruch haben, unter die führenden Nationen gerechnet zu werden. (Zitat nach L36, S. 99)

Zu solchem Selbstvertrauen bzw. Selbstbewusstsein trug sicherlich nicht nur die Erinnerung an die großen Erfolge deutscher Wissenschaftler und Techniker bei, die Deutschlands führende Stellung in der Weltwissenschaft vor dem Ersten Weltkrieg begründet hatten. Mit einigem Stolz und Selbstzufriedenheit nahm man ebenfalls zur Kenntnis, dass es gerade nach Kriegsende eine wahre Flut von Nobelpreisen für deutsche Forscher gab. So machten sich im Frühsommer 1920 gleich eine Handvoll deutscher Gelehrter auf den Weg nach Stockholm (L36, S. 125 ff.); unter ihnen Max Planck, dem das schwedische Nobelkomitee den Preis des Jahres 1918 für das Verdienst zuerkannte, «das er sich durch die Entdeckung der Elementarquanta um die Entwicklung der Physik erworben hat». Die Preisverleihung an Planck kam keineswegs überraschend, war er doch in den vorangegangenen Jahren häufiger für den Preis nominiert worden als irgendein anderer Kandidat. Bereits im Jahr 1908 hatten die Zeitungen über eine vermeintliche Auszeichnung Plancks mit diesem damals schon angesehensten Wissenschaftspreis berichtet. An ihn damals ergangene Glückwünsche wurden von Planck mit Sarkasmus kommentiert. So schrieb er beispielsweise am 30. November 1908 an Wilhelm Wien:

Für die in Ihrem Glückwunsch geäußerte freundliche Gesinnung bin ich Ihnen herzlich dankbar. Aber annehmen kann ich ihn nicht, weil

> ich von der ganzen Nobel-Sache kein Wort weiß. Sie hat mir eigentlich bis jetzt nur Aerger gebracht, in Folge ganz unsinniger Zeitungsberichte. Ich bitte also nur um Ihr stilles Beileid. (A3)

Ein Jahrzehnt später konnte hingegen der deutsche Botschafter in Stockholm nach Berlin melden: «Der ganze Vorgang der Nobelpreisverleihung und der sich anschließenden Feierlichkeiten trug den Charakter einer Huldigung für die deutsche Wissenschaft.» (A7, RMdI) Ansonsten hielten sich in jenen Jahren die Huldigungen für die deutsche Wissenschaft auf internationalem Parkett sehr in Grenzen, denn durch die Bedingungen des Versailler Friedensvertrags war Deutschland von der internationalen *scientific community* weitgehend isoliert worden – so waren deutsche Wissenschaftler von offiziellen internationalen Kontakten, Konferenzen und Vereinigungen der einstigen Entente-Mächte faktisch ausgeschlossen (vgl. L36; L39). In besonderer Weise war davon die Tätigkeit der Akademie betroffen, gehörte sie doch traditionell als Führungsakademie im Kartell der deutschen Akademien zu den Hauptträgern und wichtigsten Mittlern der internationalen wissenschaftlichen Zusammenarbeit. Planck hat gerade hier seine wissenschaftliche Autorität und internationale Reputation eingesetzt, um die Folgen dieses Boykotts für die deutsche Wissenschaft zu mildern und überwinden zu helfen. Unablässig redete er der Internationalität der Wissenschaft das Wort. Da die politischen Fronten aber festgefügt waren, suchte er das «versunkene Traumbild ... vertrauensvollen internationalen Gemeinschaftslebens» auf individueller Basis und durch die Kraft des Faktischen, durch qualifizierte wissenschaftliche Forschung, wieder herzustellen. So führte er in seiner Sekretariatsrede auf dem Leibniztag 1926 aus:

> Unablässige wissenschaftliche Arbeit, vor allem in den Einzelwissenschaften, unbeeinflusst von politischen Absichten, ist das erste und sicherste Mittel, um das Bedürfnis und den Wunsch nach Annäherung der Völker auf wissenschaftlichem Boden zu erwecken und die Forscher aller Länder zusammenzuführen. (B21, S. 66)

Abb. 12: Nobelpreisträgerrunde in der Wohnung Max von Laues, 1931: Walther Nernst, Albert Einstein, Max Planck, Robert A. Millikan und der Gastgeber (von links).

Das Kalkül solcher Appelle war eindeutig, denn «solange die deutsche Wissenschaft in der bisherigen Weise voranzuschreiten vermag, so lange ist es undenkbar, daß Deutschland aus der Reihe der Kulturnationen gestrichen wird» (B21, S. 66).

Größe und Leistungskraft der deutschen Wissenschaft sollten die uneingeschränkte Wiederaufnahme internationaler Wissenschaftsbeziehungen faktisch erzwingen. Parallel dazu wurde der Versuch unternommen, durch die betonte Pflege von Kontakten zu Gelehrten neutraler Staaten den Boykott der Entente-Mächte zu unterlaufen und so politischen Druck auf diese auszuüben. Planck selbst vertrat in dieser Hinsicht die Auffassung, wie er H. A. Lorentz 1923 nach Holland schrieb, dass der

> allmähliche Wiederaufbau des vollkommenen internationalen Verkehrs ... nicht von oben her, durch irgend einen feierlichen Akt, sondern von unten her gemacht wird, durch eine allmähliche geräuschlose Stärkung der privaten, persönlichen Beziehungen zwischen den fachverwandten Gelehrten. Dies ist die beste Vorbereitung für spätere offizielle Schritte. (A21)

In Hendrik Antoon Lorentz fand er bei seinen Bemühungen einen verständnisvollen und engagierten Partner. Nicht zuletzt war es dem vertrauensvollen Verhältnis beider Gelehrter geschuldet, dass Lorentz 1925 der Generalversammlung des internationalen Forschungsrates, dem Hauptträger des Wissenschaftsboykotts, eine Resolution einiger neutraler Akademien zur Überwindung des Boykotts vorlegte. Dies war ein wichtiger Schritt, dass ab Mitte der 1920er Jahre der Boykott gelockert und schließlich ganz aufgehoben wurde.

Der Einsatz für die Rückkehr Deutschlands in die internationale Wissenschaftlergemeinschaft bildete jedoch nur eine Seite von Plancks wissenschaftspolitischem Engagement in jenen Jahren, denn auch im Innern hatte die deutsche Wissenschaft sich mit existenziellen Problemen auseinanderzusetzen. Insbesondere bedrohte nach dem Ersten Weltkrieg die fortschreitende Inflation die Grundlagen des Wissenschaftsbetriebs. Planck hat zur Behebung dieser Notlage zahlreiche Initiativen ergriffen oder gefördert, entsprachen sie doch seinem wissenschaftspolitischen Leitbild von der Wissenschaft als Machtersatz. Dies trifft insbesondere für die Gründung der Notgemeinschaft der deutschen Wissenschaft und der Helmholtz-Gesellschaft zu, die unter anderem mit Stiftungsgeldern der deutschen Industrie wichtige und innovative Forschungen an den deutschen Hochschulen fördern sollte. Planck zählte zu den Gründungsmitgliedern beider Förderorganisationen und hat in den Folgejahren vor allem in der Notgemeinschaft, aus der später die heutige Deutsche Forschungsgemeinschaft hervorgegangen ist, eine zentrale Rolle gespielt. So gehörte er ihrem elfköpfigen Hauptausschuss an und war Vorsitzender des Elektrophysik-Ausschusses, der sich insbesondere um die Förderung von Arbeiten aus der Quantenphysik große Verdienste erworben hat. Überhaupt war – nach den Worten des Präsidenten der Notgemeinschaft, Friedrich Schmidt-Ott – Plancks «wissenschaftliches Ansehen für den Hauptausschuß und die ganze Notgemeinschaft ... eine der wesentlichsten Stützen gewesen» (A15; R73).

Auch wenn man Planck bestenfalls als sogenannten «Vernunftrepublikaner» bezeichnen kann, hat er mit seinem wissenschaftspolitischen Wirken geholfen, die ungeliebte Weimarer Republik zumindest in wissenschaftspolitischer Hinsicht zu stabilisieren. Allerdings galten sein Engagement und seine Loyalität in erster Linie der Nation und nicht dem demokratischen System der Weimarer Republik. Seine Distanz zu demokratischen Grundüberzeugungen und ein gleichermaßen einseitiges wie naives Verständnis des Verhältnisses von Wissenschaft und Politik zeigte sich, als im Jahr 1920 Albert Einstein zunehmend zum Gegenstand politischer Debatten, antisemitischer Angriffe und persönlicher Verleumdungen wurde (L13, S. 148 ff.). Das Preußische Kultusministerium hatte in diesem Zusammenhang vertraulich angeregt, dass sich die Berliner Akademie schützend vor ihr prominentes Mitglied stellen möge. Nach einem internen Gedankenaustausch zwischen dem amtierenden Sekretar Gustav Roethe, einem Germanisten mit ebenfalls hochkonservativen Ansichten, und Planck, sah man indes «für die Akademie keinen Anlaß für eine öffentliche Erklärung». Die Sache war nach Meinung Roethes durch die in der Tagespresse geführte Polemik «eine wesentlich politische Sache geworden», aus der man sich tunlichst herauszuhalten habe. Dieser Auffassung schloss sich Planck vorbehaltlos an und meinte lediglich, den «Dunkelmännern zu viel Ehre an(zu)tun, wenn wir das schwere Geschütz der Akademie gegen sie auffahren lassen wollen» (L28, Bd. 2, S. 205 f.).

Das Schweigen der Akademie und von Planck selbst war symptomatisch – und das nicht nur, insofern es das distanzierte Verhältnis zum Kultusministerium und damit zu den politischen Institutionen der Weimarer Republik generell dokumentierte. Symptomatisch war das Schweigen auch deshalb, weil es durch den Rückzug in einen vermeintlich politikfreien Raum die Solidarität mit einem diffamierten Kollegen spaltete. Zur Solidarität fühlte man sich verpflichtet, wenn es um wissenschaftliche Fragen ging, und im konkreten Fall war man der Überzeugung, es sei durch die profunde Erklärung von drei Physikerkollegen (Laue, Nernst, Rubens) (L13, S. 161) in der Tagespresse bereits das Notwendige geschehen. Gegenüber den antisemitischen Pöbeleien und antidemokratischen Denunziationen zeigte man in-

Abb. 13: Max Planck um 1930 in seiner Bibliothek, die im Februar 1944 bei einem Bombenangriff auf Berlin völlig zerstört wurde.

des Zurückhaltung, da dies die Grenzziehung zwischen Politik und Wissenschaft und damit die «heilige Sache» der Wissenschaft hätte beschädigen können. Dass diese Trennung ein durchaus im Eigeninteresse gepflegter Mythos, eigentlich selbst eine politische Position war, wollte man genauso wenig zur Kenntnis nehmen wie die Tatsache, dass diese Grenze gerade von jenen, deren Verhalten man mit solchen Ansichten tolerierte, ignoriert wurde. Was für Planck und die meisten seiner akademischen Zeitgenossen als «politisch» bzw. «unpolitisch» galt, hatte somit mit einem demokratischen Politikverständnis nur wenig zu tun und orientierte sich vielmehr an Koordinaten, die fest in den obrigkeitsstaatlichen Traditionen des deutschen Kaiserreichs verankert blieben – an der Überparteilichkeit des Beamten als Lebenslüge des Obrigkeitsstaates, wie das Thomas Nipperdey einmal auf den Punkt gebracht hat (L37, S. 186). Der Gelehrte hatte sich ausschließlich als «Kulturträger» zu begreifen – lediglich der Wahrheitssuche verpflichtet, in seinem Empfinden unpolitisch und unparteiisch und damit den Wechselfällen des politischen Geschehens enthoben.

Eine solche Grundhaltung machte natürlich jedes Bekenntnis zur Demokratie schwierig und hielt Planck, wie auch den Großteil der Eliten des einstigen Kaiserreiches, auf Distanz zum demokratischen Grundkonsens der Weimarer Republik. Für sie war der November 1918 – wie Planck 1934 in einer Würdigungsschrift für den deutschen Kaiser bekannte – Synonym für das «schmachvolle Friedensdiktat, (den) noch schmachvolleren Verfassungsumsturz und (den) wirtschaftlichen Bankrott» (P5, S. 170).

Politisch ist Planck rechts von der politischen Mitte einzuordnen – geprägt von den Vorlieben und Vorurteilen des untergegangenen Kaiserreiches, dem in patriotischer Verklärung nachgetrauert wurde. Seine gesellschaftlichen Grundüberzeugungen waren so von vaterländisch-nationalistischer Gesinnung, Reichstreue und Staatsgläubigkeit geprägt sowie von den Idealen des Preußentums: Pflicht, Ordnung, Selbstlosigkeit und Gerechtigkeitssinn. Gegenüber den sozialen Veränderungen in der Weimarer Republik hegte man dagegen das allergrößte Misstrauen und ausgeprägte Skepsis. So war für Planck die Einführung des allgemeinen Wahlrechts «ein großer Fehler», wie er überhaupt den egalitären Elementen des demokratischen Staatswesens kaum Sympathien abgewinnen konnte, da sie seinem elitären Gesellschafts- und Persönlichkeitsbild entgegenstanden.

Planck hat sich in der Weimarer Republik in diesem Sinne auch parteipolitisch gebunden und gehörte der Deutschen Volkspartei bis zu ihrer Auflösung im Jahr 1933 an. Deren Sympathien galten laut Parteiprogramm einem «durch freien Entschluß des Volkes auf gesetzmäßigem Wege aufzurichtenden Kaisertum», wobei man behutsam, aber beharrlich die Revision der bestehenden außen- und innenpolitischen Verhältnisse, d. h. vor allem des Versailler Vertrages, anstrebte. Allerdings war Planck wohl nur nominelles und bekennendes Parteimitglied, denn über spezielle parteipolitische Aktivitäten seinerseits ist nichts bekannt geworden.

Max Planck war so in den 1920er Jahren in die Rolle eines prominenten und (wissenschafts)politisch agierenden Staatsbürgers hineingewachsen, dessen forschungspolitisches Engagement und vielfältige Funktionen ihn zugleich zum einflussreichen Repräsentanten und Sprecher der deutschen Wissenschaft machten. Eine Rolle, die er in der Weimarer Republik trotz aller Erfolge keineswegs problemlos ausgefüllt hat und die im Dritten Reich dann mit schweren inneren Kämpfen und Gewissenskonflikten verknüpft sein sollte.

6. Zwischen Anpassung und Auflehnung: Das Dritte Reich

Als am 30. Januar 1933 Adolf Hitler und den Nationalsozialisten die Macht übertragen wurde, war erneut «alles anders geworden». Doch im Gegensatz zum Schicksalsjahr 1918 wurde dies von Planck keineswegs so empfunden bzw. gibt es dazu keine entsprechenden Bekundungen seinerseits. Im Kontrast zu vielen Zeitgenossen, die dem Sog der «nationalen Revolution» nicht widerstanden und die «Machtergreifung» nicht selten sofort emphatisch begrüßt haben, gibt es von Planck keinerlei derartige Bekenntnisse für die Nationalsozialisten. Deren plebejische Attitüden haben auf ihn als elitären Bildungsbürger eher abstoßend gewirkt. Dennoch war auch Plancks Haltung zu den neuen Machthabern insbesondere in seinen wissenschaftsleitenden Funktionen zwiespältig und nicht frei von Ambivalenzen und Fehleinschätzungen. So gibt es Belege, dass er die «braune» Machtübernahme gegenüber der ungeliebten Republik als das kleinere Übel hinzunehmen bereit war und sich für ihn mit der neuen Ära durchaus gewisse Hoffnungen verbanden. Diese Hoffnungen wurzelten im scheinbar nationalkonservativen Programm der NSDAP, in der Verheißung von neuer nationaler Größe und Selbstbewusstsein. So bekennt der Biograph Hans Hartmann, der zudem mit einer Nichte Plancks verheiratet war, dass Planck «manche nationalen Tendenzen der neuen Ära nicht durchaus ablehnte» (M3, S. 4), und Planck selbst spricht 1934 in dem bereits erwähnten Huldigungsartikel auf den deutschen Kaiser davon, dass «sich in Deutschland der langersehnte großartige nationale Umschwung vollzogen» habe (P5, S. 172).

Mit den Hoffnungen und Herausforderungen der nationalsozialistischen Machtübernahme hatte Planck sich nicht nur als Privatmann und Staatsbürger auseinanderzusetzen, sondern vor allem in Hinsicht auf seine gesellschaftspolitischen Positionen.

So war er zwar inzwischen, seit 1926, Emeritus und hatte seit dem Ersten Weltkrieg keine herausgehobenen universitären Leitungsfunktionen mehr inne, doch waren auch im vermeintlichen Ruhestand die Verpflichtungen beständig gewachsen. So bekleidete er nach wie vor das Amt des beständigen Sekretars der Akademie und engagierte sich in der Notgemeinschaft. Als Adolf von Harnack 1930 starb, wurde er dessen Nachfolger als Kanzler des Ordens Pour le Mérite und übernahm vor allem – nach langem Zögern – das Amt des Präsidenten der Kaiser-Wilhelm-Gesellschaft (KWG) (vgl. L2, S. 344 ff.). Damit war er nicht nur einer der einflussreichsten Wissenschaftslenker und -repräsentanten in Deutschland, sondern leitete mit der KWG zudem die bedeutendste und größte Einrichtung außeruniversitärer Forschung in Deutschland. Sie verfügte im forschungspolitischen Spektrum über ganz erhebliches Gewicht. Vor diesem Hintergrund konnte ihm der politische Umschwung des Jahres 1933 natürlich nicht gleichgültig sein, zumal er Hoffnungen sah, dass man dadurch die deutsche Wissenschaft sowie speziell die KWG aus ihrer Krise und chronischen Unterfinanzierung herausführen könne. In einem Brief vom 18. April 1933 aus Taormina an den Generalsekretär der KWG, Friedrich Glum, liest man beispielsweise von der Hoffnung, auch in Deutschland «Mussolinis Vorbild (zu nutzen), der gern sein Interesse für die Wissenschaft nach außen zur Schau trägt» (A2).

Diese Hoffnungen haben sich bekanntlich relativ schnell und vor allem gründlich zerschlagen. Im Frühjahr 1933 war man indes noch bereit, den vornehmlich gegen links gerichteten politischen Terror und die antisemitischen Ausschreitungen als Extreme eines politischen Machtwechsels hinzunehmen, denn «man muß» – wie Planck im obigen Brief an Glum erklärte – «diese Zeit als eine Art Übergang betrachten und ruhig abwarten, wie allmählich die Dinge sich entwickeln» (A2). In diesem Sinne sprach er auch von der NS-Herrschaft und ihren Auswüchsen wie von einem bösen Naturereignis, «einem Gewittersturm, der über uns hinwegbraust». Dass Unrecht, Gewalt und Verbrechen im Mantel der Staatsmacht nun die politische Bühne betreten hatten, war für die protestantische Staatsfrömmigkeit Plancks jenseits allen Vorstellungsvermögens. Dass er die politischen Zeichen der Zeit nicht erkannte und wohl auch nicht sehen wollte, macht die Tatsache deutlich, dass er im März 1933 routinemäßig seinen Osterurlaub antrat und sich für sechs Wochen von Berlin in Richtung Italien verabschiedete. Es war Normalität angesagt. Allerdings passte zu dieser Normalität ganz und gar nicht, dass Albert Einstein vom Ausland aus gegen «die Akte brutaler Gewalt und Bedrückung», die sich gerade in Deutschland abspielten, öffentlichen Protest anmeldete. Damit war Einstein endgültig zur Persona non grata in der Akademie wie im nationalsozialistischen Deutschland überhaupt geworden. In politisch schwieriger Zeit hatte dieser nicht nur wieder einmal gegen den vermeintlich apolitischen Verhaltenskodex der deutschen Akademikerschaft verstoßen, sondern sich zugleich als gravierender «Störfaktor» bei der anstehenden Gestaltung des neuen Verhältnisses zwischen Staat und Akademie bzw. den Wissenschaften generell erwiesen. Unmittelbar vor der Abreise Plancks und unter dessen Federführung brachte das Sekretariat der Akademie in einem Brief an Einstein das Missfallen über sein Verhalten und die Beteiligung an der «ausländischen Greulhetze» zum Ausdruck. Indirekt legte man ihm den freiwilligen Rücktritt von seinem Akademieamt nahe (L13, S. 443). Allerdings ließ sich die Angelegenheit nicht ganz so geräuschlos bereinigen, wie Planck und seine Kollegen es erhofften. Nicht nur, dass Einstein unabhängig von der ergangenen Aufforderung sein Amt niederlegte und den Austritt aus der Akademie erklärte, die Akademie selbst fühlte sich im Umfeld des sogenannten Juden-Boykotts vom 1. April 1933 veranlasst, in einer – allerdings unabgestimmten – Presseerklärung des amtierenden Sekretars Ernst Heymanns scharfmacherisch zu erklären, dass «sie ... keinen Anlaß (hat), den Austritt Einsteins zu bedauern» (L18, Bd. 1, S. 248). Zwar hatte diese unsägliche Erklärung noch ein Nachspiel in der Akademie, da einige Mitglieder dagegen energisch protestierten, doch zu einer offiziellen Rücknahme kam es nicht.

In diese zwiespältigen Reaktionen der Akademie fügt sich auch das Verhalten Plancks ein, der in dem bereits zitierten Brief an Glum zwar bekannte, dass «sich ja allerdings gelegentlich des Austritts Einsteins recht unerfreuliche Dinge abgespielt» hätten, doch sich zu einem Abbruch seines Urlaubs und zu einem klärenden Eingreifen in die Vorgänge nicht veranlasst sah – obwohl Max von Laue und andere Berliner Kollegen ihn dazu brieflich gedrängt hatten. Planck blieb in Italien – wohl auch, weil eine sofortige Rückkehr für ihn eine zu starke Demonstration und Exponierung in dieser unerquicklichen Angelegenheit bedeutet hätte. Nach seiner Rückkehr Ende April fand Planck zwar auf der den «Fall Einstein» abschließenden Sitzung der Akademie anerkennende Worte für die wissenschaftliche Leistung Einsteins, «deren Bedeutung nur an den Leistungen Johannes Keplers und Isaac Newtons gemessen werden kann». Doch meinte er zum Schluss noch feststellen zu müssen, dass «Einstein selber durch sein politisches Verhalten sein Verbleiben in der Akademie unmöglich gemacht hat» (L18, Bd. 1, S. 267).

Für Einstein zählte der eilfertige Konformismus seiner Akademiekollegen zu den schmerzlichsten Erfahrungen seines Lebens, und auch Plancks Lavieren gegenüber den nationalsozialistischen Machthabern und den offensichtlichen Akten brutaler Gewalt und flagranter Rechtsverletzung stand er verständnislos gegenüber. Insbesondere wollte Einstein nicht akzeptieren, dass Planck, dem er als Mentor und väterlicher Freund zugetan war und manches nachsah, der vermeintlichen Rettung der deutschen Wissenschaft wegen an seinen wissenschaftspolitischen Ämtern festhielt und sich damit von den Nationalsozialisten instrumentalisieren ließ: «... ich wäre auch als Goj unter solchen Umständen nicht Präsident der Akademie und der Kaiser-Wilhelm Gesellschaft geblieben» (A20, Nr. 19404), stellte er 1934 gegenüber einem amerikanischen Kollegen fest.

Die Akademie und mit ihr die gesamte deutsche Wissenschaftlergemeinschaft hatte mit ihrem zwiespältigen und unsolidarischen Verhalten gegenüber Einstein ihren Sündenfall vollzogen. Dies war im Übrigen auch schon hellsichtigen Zeitgenossen klar. So erklärte der Biochemiker Otto Warburg gegenüber Vertretern der Rockefeller-Stiftung,

> wenn man sich früh und schnell dagegengestellt hätte, dann hätten die antijüdischen Maßnahmen nicht so weit gehen können und im Keim erstickt werden können. W(arburg) sagt, dass der entscheidende Moment der Rauswurf Einsteins aus der Akademie gewesen war; alle Mitglieder hätten sofort auch ihren Rücktritt erklären müssen, und eine solche Solidarität wäre nach den Worten Warburgs sicherlich von großer Wirkung gewesen. (A15, Diary M. Miller)

Und Warburgs Schwester Lotte vertraute ihrem Tagebuch Ende 1934 an:

> Warum tritt Planck nicht auf, warum lässt er sich gefallen, dass aus der Kaiser-Wilhelm-Gesellschaft Leute einfach von heute auf morgen rausgesetzt werden, ohne ihn zu fragen, ohne sich auch nur die Mühe einer Begründung zu machen? ... Warum geht er immer gebückter einher und jammert und klagt, anstatt den Kopf zurückzuwerfen und ihnen alles vor die Füße zu schmeißen. (B42, S. 235)

Es war nicht nur Pflichtbewusstsein, das Planck in seinen Ämtern hielt, sondern auch die sein gesamtes Lebenswerk prägende Vision, die deutsche Wissenschaft und ihren Anspruch auf eine internationale Führungsrolle über alle Fährnisse politischer Turbulenzen und Umbrüche zu bewahren. Nachdem man den ökonomischen Krisen und dem internationalen Boykott der Nachkriegszeit erfolgreich getrotzt und endlich wieder Anschluss an die Weltwissenschaft gefunden hatte, warum sollte man da nicht auch der «nationalen Revolution» widerstehen und aus ihr vielleicht sogar für die eigenen Belange etwas herausschlagen können. Plancks Handeln war so in der Anfangszeit der NS-Herrschaft darauf gerichtet, jeden öffentlichen Protest oder gar eine dezidierte Frontstellung gegenüber den Nationalsozialisten zu vermeiden und so einen vertrauensvollen Aufbau von Beziehungen zu den neuen Machthabern nicht zu gefährden. Mittels persönlicher Kontakte, interner Absprachen und individueller Übereinkünfte wurde Einfluss zu nehmen versucht, um so auch die kritischen Dinge zum vermeintlich Besseren zu wenden. In diesem Sinne drückte Planck in dem bereits zitierten Brief an Glum seine Hoffnung aus, «daß die bevorstehende Jahresversammlung der K.W.G. Veranlassung geben wird, die persönlichen Beziehungen zu den Ministern des Reiches und der Länder womöglich noch enger zu gestalten, als sie es bei den früheren Regierungen waren» (A2).

Dass Planck für seinen berühmten und verfemten Kollegen nur Solidarität in Bezug auf den Wissenschaftler erkennen ließ, war somit persönliche Überzeugung und Kalkül zugleich, da der Pazifist, Demokrat und Jude Einstein für die Durchsetzung aktueller wissenschaftspolitischer Ziele und für das eigene Selbstverständnis nur als störend empfunden wurde – zumal dieser überhaupt in der deutschen Gelehrtenzunft als suspekt galt. Ganz ähnlich wie im Fall Einstein verhielt sich Planck bei der Umsetzung des sogenannten «Gesetzes zur Wiederherstellung des Berufsbeamtentums» vom April 1933, das die Entlassung jüdischer und politisch missliebiger Mitarbeiter aus dem Staatsdienst forderte. Da die Kaiser-Wilhelm-Gesellschaft, wie auch die Akademie, ihren Etat überwiegend mit staatlichen Geldern bestritt, war Plancks Entscheidung gefordert. Auch in diesem Falle entschied sich Planck gegen ein solidarisches Handeln oder gar Aufbegehren, so dass die KWG-Bürokratie in Gestalt ihrer Generalverwaltung zügig und konsequent das schändliche Gesetz umsetzen konnte. Als Otto Hahn im Frühjahr 1933 Planck für einen öffentlichen Protest gegen die skandalöse Behandlung verdienstvoller jüdischer Kollegen zu gewinnen suchte, war dessen Antwort: «Wenn heute 30 Professoren aufstehen ... dann kommen morgen 150 Personen, die sich mit Hitler solidarisch erklären, weil sie die Stellen haben wollen.» (L14, S. 145)

Diese Reaktion zeigt im Übrigen weniger den Opportunisten als den Realisten Planck. Die fehlende Solidarität gegenüber den jüdischen Mitbürgern und Kollegen sowie das allgemeine Schweigen gegenüber den antisemitischen Willkürmaßnahmen der Nationalsozialisten unter den Akademikern, wie in der deutschen Gesellschaft überhaupt, war allgemein unübersehbar bzw. unüberhörbar. Seiner Maxime folgend, durch individuelle Übereinkünfte Einfluss zu nehmen und so die Situation wenigstens zu mildern, hat Planck mittels persönlicher Interventionen versucht, für einige, insbesondere verdienstvolle und prominente Mitarbeiter der KWG Ausnahmeregelungen zu erwirken oder sie in die Industrie und andere private Institutionen zu vermitteln; im Falle der Emigration versuchte er, den Weg ins Exil mit Empfehlungsschreiben zu erleichtern.

Das prominenteste Beispiel war in dieser Hinsicht das Schicksal Fritz Habers. Dieser gehörte als Pionier der physikalischen Chemie nicht nur zu den führenden Gelehrten seiner Zeit, sondern als «Vater des Giftgaskrieges» hatte er seine wissenschaftliche Exzellenz im Ersten Weltkrieg auch in den Dienst des Vaterlandes gestellt, so dass er – ganz im Gegensatz zu seinem Freund Einstein – in weiten und einflussreichen Kreisen der deutschen Gesellschaft sowohl als Wissenschaftler als auch als Persönlichkeit eine breite Akzeptanz und hohes Ansehen genoss und nicht zuletzt als deutscher Patriot galt. Als sogenannter Frontkämpfer des Ersten Weltkriegs hätte er von Ausnahmebestimmungen des Berufsbeamtengesetzes Gebrauch machen und auf seinem Posten als Direktor des Kaiser-Wilhelm-Instituts für physikalische Chemie verbleiben können. Allerdings zog es Haber vor, Solidarität mit seinen entlassenen Kollegen zu üben, auf sein Amt zu verzichten und zu emigrieren. Dies erregte gerade beim staatstreuen und jedes Aufsehen vermeidenden Planck einige Irritationen und große Betroffenheit, da er Haber als Mensch und Kollegen sowie als deutschen Patrioten sehr schätzte und ihn nachdrücklich zum Ausharren aufgefordert hatte. Darüber hinaus destabilisierte der Rückzug Habers weiter das Gefüge der Kaiser-Wilhelm-Gesellschaft, zu deren führenden und einflussreichsten wissenschaftlichen Mitgliedern Haber gehörte. Planck unternahm so im Frühjahr und Sommer 1933 zahlreiche Schritte, um Haber in Berlin und vor allem als Direktor des Kaiser-Wilhelm-Instituts zu halten. Er nutzte sogar seinen Antrittsbesuch als KWG-Präsident bei Hitler Anfang Mai 1933, um diesen am Beispiel Habers deutlich zu machen, welchen Schaden für die deutsche Wissenschaft wie für Deutschland insgesamt die Vertreibung von hochrangigen Wissenschaftlern wie Haber zur Folge habe und «daß es doch verschiedenartige Juden gäbe, für die Menschen wertvolle und wertlose ... und daß man doch Unterschiede machen müsse ...» (P6).

Eine beklemmende Wortwahl, die nicht einmal «Mittel zum Zweck» wurde, da Plancks Intervention erfolglos blieb. Hitler soll sich «in allgemeinen Redensarten» und der apodiktischen Feststellung «Jud ist Jud» ergangen haben, so dass Planck es vorzog, «zu verstummen und sich zu verabschieden». Plancks Intervention bei Hitler wurde lange Zeit als Beleg gewertet, dass die KWG und auch Planck selbst von Anfang an in dezidierter Gegnerschaft zum NS-Regime gestanden hätten, doch zeigen die vorangegangenen Ausführungen und neuere Studien (B1), dass Plancks Handlungsmotive komplexer waren und hier ein sehr viel differenzierteres Urteil angebracht ist. Darüber hinaus machte die Intervention bei Hitler deutlich, dass Plancks Solidarität auf herausragende Wissenschaftler fokussiert blieb und nicht insgesamt den von Stigmatisierung, Verfolgung und Vertreibung bedrohten jüdischen Mitbürgern galt. Deprimiert über die Erfolglosigkeit seiner entsprechenden Bemühungen, schrieb Planck im Sommer 1933 an Haber, der schon auf dem Weg in die Emigration war:

> Das einzige, was mir in diesem Gefühl tiefer Niedergeschlagenheit einige Erleichterung schafft, ist der Gedanke, daß wir in einer Katastrophenzeit leben, wie sie jede Revolution mit sich bringt, und daß wir vieles, was geschieht, wie ein Naturereignis hinnehmen müssen, ohne uns den Kopf darüber zu zerbrechen, ob es nicht auch anders sein könnte. Vieles, aber nicht alles. (A2)

Der amerikanische Historiker Fritz Stern hat diese Briefstelle zutreffend mit den Worten kommentiert: «Es war aber kein Naturereignis; es war unter anderem das erbärmliche Versagen der deutschen Eliten.» (B41, S. 47)

Die absichtsvoll gewählte Metapher vom «Naturereignis» bzw. «Gewittersturm, der über uns hinwegbraust», führt im Übrigen auch in anderer Beziehung in die Irre, denn im zeitgenössischen Urteil wurde das Dritte Reich bis in die Kriegszeit hinein keineswegs nur als Eiszeit für die Wissenschaften empfunden, und auch Plancks Besuch bei Hitler scheint nicht ganz so erfolglos verlaufen zu sein wie später kolportiert. Bevor es

Planck nämlich vorgezogen hatte, »schweigend den Rückzug anzutreten«, muss es doch zu einem erträglichen Dialog zwischen Planck und dem Diktator gekommen sein. In einem Brief von Heisenberg an Max Born vom Juli 1933 kann man lesen:

> Planck hat ... mit dem Haupt der Regierung gesprochen und die Zusicherung erhalten, dass über das neue Beamtengesetz hinausgehend nichts von der Regierung unternommen werde, das unsere Wissenschaft erschweren könnte. (L38, Bd. II, S. 168)

Planck selbst verkündete eine Woche nach seinem Besuch bei Hitler auf der Jahresversammlung der KWG im Harnack-Haus in Berlin-Dahlem ebenfalls,

> dass die Regierung der nationalen Erhebung, die die Bedeutung der wissenschaftlichen Forschung für das Gedeihen des Vaterlandes und seine Stellung unter den Völkern voll anerkennt, die Gesellschaft unter ihren besonderen Schutz nimmt und sie in die Lage versetzt, ihre Institute nicht nur zu erhalten, sondern in jeder Hinsicht so auszustatten, wie es die nie rastende Gelehrtenarbeit erfordert. (A2)

Dieser Erklärung folgte zudem ein Ergebenheitstelegramm der Versammlung an den «Führer», das die Bereitschaft der deutschen Wissenschaft herausstellte, «an dem Wiederaufbau des neuen nationalen Staates, der ihr Schutz und Schirmherr zu sein gewillt ist, nach besten Kräften mitzuarbeiten» (B1, S. 49).

Die Internationalität der Wissenschaft, als deren «Hohepriester Planck» gelten darf, stellte für ihn kein abstraktes Gut dar, sondern war immer ganz konkret mit einer intensiven Pflege internationaler Wissenschaftsbeziehungen, aber auch des internationalen Ansehens der Wissenschaft verbunden. Es war so keineswegs zufällig, dass Planck gerade dann höchst sensibel und engagiert reagierte, wenn ein Ansehensverlust der deutschen Wissenschaft drohte – so im Ersten Weltkrieg nach den Reaktionen des Auslandes auf den Aufruf «An die Kulturwelt» oder in den 1920er Jahren nach den Angriffen gegen Einstein, die den Verbleib des Gelehrten in Berlin ernsthaft infrage stellten. Trotz aller Ergebenheitsadressen und Kompromisse gegenüber der nationalsozialistischen Macht haben ihn die Vorgänge des Jahres 1933 und namentlich die Diskriminierung und Verfolgung hoch geschätzter jüdischer Wissenschaftler wie Einstein oder Haber stark beunruhigt und betrübt. Sie bedeuteten nicht nur einen Ansehens-, sondern vor allem auch einen Bedeutungsverlust für die Wissenschaft in Deutschland und speziell für die Physik in Berlin. Nicht zuletzt konterkarierten sie seine Bemühungen der letzten Jahre, Forschungszentren wie Kopenhagen, München oder Göttingen, aber auch solchen im aufstrebenden Amerika Paroli zu bieten, hatten diese doch in den 1920er Jahren Berlin als international führendes Zentrum der modernen physikalischen Forschung und ihrer Grenzgebiete zunehmend den Rang abgelaufen. Planck bemühte sich schon seit längerem darum, diesen Bedeutungsverlust aufzufangen. So war es ihm beispielsweise gelungen, Erwin Schrödinger, den Begründer der Wellenmechanik, als seinen Nachfolger für die Berliner Universität zu gewinnen, und er hatte von der amerikanischen Rockefeller-Stiftung das Finanzierungsangebot für den Bau eines modernen Kaiser-Wilhelm Instituts für Physik erhalten, das die existierenden Engpässe an experimentellen Möglichkeiten beheben und das institutionelle Spektrum in Berlin endlich vervollständigen sollte. All dies schien trotz aller Versprechungen und Hoffnungen, die sich mit dem Machtantritt der Nationalsozialisten verbanden, durch die antisemitische Vertreibungspolitik gefährdet, die Einstein und zahlreiche andere prominente Physiker in die Emigration zwang (L29); sogar der eigentlich unpolitische Schrödinger, der selbst nicht von den rassistischen Verfolgungsmaßnahmen betroffen war, zog es vor, Berlin den Rücken zu kehren, weil er nationalsozialistische Willkür und politische Indoktrinierung nicht ertragen wollte.

Die nationalsozialistische Vertreibungspolitik hatte nicht nur personelle Konsequenzen für den Wissenschaftsstandort Berlin bzw. Deutschland generell, sondern war mit einem immensen Ansehensverlust der deutschen Wissenschaft auf internationaler Ebene verbunden. Dies zeigte sich gerade in den Verhandlungen mit der Rockefeller-Stiftung um das geplante Physikinstitut, die 1933/34 wiederholt vor dem Scheitern standen (L33). Ein Fehlschlag dieser Pläne hätte für Planck ein Scheitern von zentralen Teilen seines Lebenswerkes und «eine äußerst schmerzliche Enttäuschung» bedeutet. Vor diesem Hintergrund hatte er gute Gründe, gegenüber den Vertretern der neuen Macht sowohl um «gut Wetter» zu bitten als auch an sie zu appellieren, wie er Friedrich Glum aus Taormina geschrieben hatte, «dass es notwendig sei, dass in nächster Zeit in der deutschen Wissenschaft nichts geschähe, was die Amerikaner beunruhigen (könnte), weil zweifellos eine gewisse Zurückhaltung gegenüber Deutschland zur Zeit bemerkbar sei» (A2).

Darüber hinaus war Planck in dieser Zeit selbst bemüht, entsprechende Zeichen zu setzen und durch vertrauensbildende Aktivitäten dem internationalen Ansehensverlust offensiv entgegenzutreten. Das machen insbesondere die Umstände der Gedenkfeier für Fritz Haber deutlich machen (L7, S. 92 ff.; L25, S. 557–561). Neben dem Fall Einstein war es vor allem das Schicksal Habers, das international Aufsehen und Irritationen erregte. Haber war wenige Monate nach seiner Emigration in der Schweiz als gebrochener Mann gestorben, und es mehrten sich gerade in der Kaiser-Wilhelm-Gesellschaft die Stimmen, dass man diesem verdienstvollen Mitglied der Gesellschaft und deutschen Patrioten in geeigneter Weise Achtung und Ehre bekunden müsse. Planck nahm diese Stimmung auf und beschloss, zum ersten Todestag eine Gedenkveranstaltung zu organisieren, die von der Kaiser-Wilhelm-Gesellschaft sowie der Physikalischen und Chemischen Gesellschaft getragen werden sollte. Auch bei dieser Aktion mischten sich bei Planck persönliche Betroffenheit und moralische Bringschuld gegenüber dem verehrten Kollegen mit einem ausgeprägten wissenschaftspolitischen Kalkül, denn gerade Haber hatte bei der Rockefeller-Stiftung in einer besonderen Vertrauensstellung gestanden. «Es war die letzte Gelegenheit, der Pflicht der Pietät zu genügen. Ein längeres Hinausschieben wäre, namentlich auch mit Rücksicht auf den Eindruck im Ausland nicht mehr zu verantworten gewesen» (A17), stellte Planck selbst in einer Niederschrift über die Haber-Feier fest. Die entsprechenden Pläne stießen in Teilen der

NS-Wissenschaftsbürokratie auf erheblichen Widerstand, sollte die Feier doch einen jüdischen Gelehrten ehren, der zudem noch im offensichtlichen Dissens zur nationalsozialistischen Politik gestanden und Deutschland verlassen hatte. Die geplante Ehrung hatte daher alles Potential, als Protest bzw. Affront gegen die NS-Führung gewertet zu werden. Das Reichserziehungsministerium verbot daher in einem Rundschreiben seinen Untergebenen, namentlich den Beamten und Professoren der Hochschulen und Universitäten, an der Feier teilzunehmen. Daraufhin machte Planck als KWG-Präsident dem Ministerium gegenüber deutlich, dass die Gesellschaft

> von ihrer positiven Einstellung zum heutigen Staat und ihrem Treubekenntnis zum Führer und seiner Regierung häufig genug durch Wort und Tat Zeugnis abgelegt (hat), um für sich das Vertrauen beanspruchen zu dürfen, daß bei ihrer in Aussicht genommenen Veranstaltung auf das Peinlichste jede Wendung vermeiden wird, welche zu irgend welchen Missdeutungen Anlaß geben könnte (L25, S. 558).

Bei seiner Intervention konnte sich Planck auf die Sympathien einflussreicher Militärs und des Reichswehrministeriums stützen, die Habers Einsatz im Ersten Weltkrieg als Vater des Giftgaskrieges nicht vergessen hatten. Das Ministerium hob daraufhin zwar nicht das ergangene Teilnahmeverbot für seine Beamten auf, doch wurde Planck

> mit Rücksicht darauf, daß die Presse des In- und Auslandes bereits auf die Angelegenheit aufmerksam geworden ist, daß ausländische Teilnehmer zu der Feier erwartet werden und daß schließlich die Kaiser-Wilhelm-Gesellschaft private Mitglieder in ihren Reihen zählt, ... (gestattet) die Veranstaltung als rein interne und private Feier der Kaiser-Wilhelm-Gesellschaft stattfinden zu lassen (L35, S. 559).

An der Feier interessierte Kollegen sollten zudem auf Antrag einen ministeriellen Dispens vom gültigen Verbot erhalten, dem sich übrigens auch die Chemische Gesellschaft angeschlossen hatte. Allerdings gingen beim Ministerium kaum Anträge auf Dispens ein, und viele der Eingeladenen zogen den stillen Protest vor, indem sie ihre Ehefrauen zur Gedenkfeier schickten. Selbst Max von Laue, der in der Vergangenheit den Nazis schon wiederholt die Stirn geboten und jüngst mit einem bemerkenswerten Nachruf auf Haber den Zorn der Mächtigen erneut auf sich gezogen hatte, zog es vor, der Feier fernzubleiben. Die ministerielle Maßregelung verfehlte damit ihre einschüchternde Wirkung nicht. Trotz aller Widrigkeiten, die Planck noch am Vorabend zu der trotzigen Feststellung veranlassten, dass er «diese Feier machen werde, außer man holt mich mit der Polizei heraus», fand die Gedenkfeier wie geplant am 29. Januar 1934 im Harnack-Haus statt. Auf ihr hielten dann allein Planck und Otto Hahn Gedenkansprachen, wobei Letzterer einen Vortrag Karl-Friedrich Bonhoeffers verlas, dem die Teilnahme vom Rektor der Berliner Universität untersagt worden war. Planck und Hahn konnten sich als KWG-Direktoren über solche Zumutungen der NS-Wissenschaftsbürokratie hinwegsetzen.

Die Haber-Feier ist oft und gerade in der Nachkriegszeit als eine Aktion von politischem Widerstand und des Mutes der Wissenschaftler und namentlich Max Plancks gegenüber den nationalsozialistischen Willkürakten und dem NS-Staat positiv bewertet worden, doch zeigt das in aller Kürze dargestellte Szenario, dass von wirklichem Widerstand wohl nicht die Rede sein kann und die meisten Akteure dabei nicht einmal besondere Zivilcourage gezeigt haben (vgl. L7). Man sollte sie deshalb vor allem als einen Höhepunkt im öffentlichen Dissens der Wissenschaft gegenüber der nationalsozialistischen Wissenschaftspolitik werten. Da politische Inhalte in diesem Zusammenhang praktisch nicht thematisiert wurden, war sie vor allem eine Aktion persönlichen Trotzes und ein Versuch, die fachspezifische Autonomie gegenüber unberechtigten nationalsozialistischen Eingriffen zu sichern. In diesem Sinne und weniger in politischen Kontexten hat die Feier auch Wirkung gezeigt und sich das wissenschaftspolitische Kalkül Plancks erfüllt. Denn fast gleichzeitig konnten Versuche von einflussreichen Nazi-Aktivisten wie Philipp Lenard und Johannes Stark abgewehrt werden, die KWG, die von ihnen als «jüdische Missgeburt» angesehen wurde, unter ihre Kontrolle zu bringen oder gar zu zerschlagen. Ebenfalls in dieser Zeit wurden die Gelder der Rockefeller-Stiftung freigegeben, und das neue KWI für Physik konnte endlich gebaut werden. Es wurde im Mai 1938 mit dem holländischen Physiker und frisch gekürten Nobelpreisträger Peter Debye als Direktor feierlich eröffnet.

Abb. 14: Max Planck bei der Eröffnung des Kaiser-Wilhelm-Instituts für Metallforschung, Stuttgart 1935

Doch auch bei dieser Gelegenheit gab es Misstöne, denn der Vorschlag von Debye und anderen Physikern, das Institut nach Planck zu benennen, ließ sich wegen des Einspruchs nationalsozialistischer Scharfmacher nicht durchsetzen (L22, S. 151). Planck, so Stark in einem Schreiben an das Ministerium, habe «nicht genug für die Physik» getan, um einer solchen Auszeichnung würdig zu sein. Überhaupt war Planck in dieser Zeit, in den Jahren 1937/38, wiederholt massiven Angriffen aus der NSDAP und seitens der Vertreter der sogenannten «Deutschen Physik» ausgesetzt, die ihn und andere Repräsentanten der modernen Physik als «weissen Juden» denunzierten.

Vorangegangen waren Auseinandersetzungen mit Stark in der Physikalischen Gesellschaft und der Berliner Akademie, bei denen dessen Ansprüche auf eine Führerschaft in der deutschen Physik zurückgewiesen wurden (L25, S. 73 ff.). Als Sekretar der Akademie war Planck in diese Auseinandersetzungen direkt involviert, und die Zurückweisung der Wahl Starks und andere Querelen hatten dazu beigetragen, dass die Akademie von den NS-Behörden in der Anfangszeit des Dritten Reiches wissenschaftspolitisch marginalisiert wurde und eine konsequente Gleichschaltung zunächst vermieden werden konnte (L11, S. 1–147). Sie galt bei Nazi-Aktivisten als «Heimstätte der Reaktion» und der Ewiggestrigen. Allerdings endete 1937/38 diese Schonfrist, und das zuständige Wissenschaftsministerium forderte die Akademie mehr oder weniger ultimativ auf, «die Satzungen der Akademie entsprechend den Grundanschauungen, auf denen das staatliche und geistige Leben der deutschen Gegenwart beruht, umzugestalten» (B21, S. 78). Konkret zielten die Forderungen des Ministeriums auf die Einführung des Führerprinzips und einer generellen Bestätigungspflicht für die Wahl der Akademiemitglieder durch das Ministerium sowie die Anwendung des «Reichsbürgergesetzes», d. h. den Ausschluss der jüdischen Mitglieder. Letzteres war bisher an der Akademie höchst zögerlich umgesetzt worden, so dass jüdische Mitglieder ihren Status behalten und auch in den Akademiekommissionen weiter mitgearbeitet hatten.

Als amtierendem Sekretar fiel Planck die Aufgabe zu, die ministeriellen Forderungen umzusetzen. In einem Brief von Marga Planck an Lise Meitner vom 19. Dezember 1938 heißt es:

> ... mein Mann hatte jetzt die scheußliche Aufgabe, die Akademie «gleichzuschalten»; sie wird umorganisiert, soll künftig nur einen Präsidenten, keine 4 Sekretare mehr haben; das wird wieder mit viel Arbeit u. stundenlangen Sitzungen – das wäre das wenigste – besonders aber mit seelischen Konflikten verbunden (sein). (A19)

Ohne Zweifel war der eingeforderte Ausschluss der jüdischen Mitglieder für Planck eine schwierige und sicherlich auch persönlich berührende Angelegenheit, doch wurde auch diese in der Weise bewerkstelligt, wie man zuvor ähnliche Personalfragen geregelt hatte – man nötigte die betreffenden Personen zum «freiwilligen» Rücktritt:

> Ich glaube, Ihnen Hochverehrter Hr. Kollege einen Dienst zu erweisen, wenn ich Ihnen von diesem Ministerialerlaß schon vor seiner Vorlegung in der nächsten Akademie Mitteilung mache, und darf Ihrer Entschließung entgegensehen,

schrieb Planck an die drei letzten jüdischen Akademiemitglieder (A5). Rechtzeitig vor der anstehenden Akademiesitzung zogen sich daraufhin Adolf Goldschmidt, Eduard Norden und Issai

Schur aus der Akademie zurück, womit wieder einmal ein Problem hinter den Kulissen und ohne Eklat «gelöst» war. Ende Oktober schickte Planck seinen ausgeschiedenen Kollegen neben seinem «persönlichen Bedauern ... die Anerkennung und den Dank der Akademie für ihre langjährige wertvolle Mitarbeit» hinterher.

Auch wenn man weiß, dass in anderen Institutionen die Durchsetzung der NS-Rassengesetze sehr viel rigider gehandhabt wurde und Max von Laue in einem Brief an Lise Meitner den Vorgang fast anerkennend mit der Bemerkung kommentierte: «Natürlich hat Planck sie persönlich besucht» (L32, S. 38), bleibt Betroffenheit angesichts dieser Mischung vermeintlich privaten Anstands und öffentlicher Selbstverleugnung im Dienste offensichtlicher Unmenschlichkeit.

Doch auch für Planck waren die Tage gezählt, wobei nicht die Akademiemitgliedschaft, sondern seine Funktion als Sekretar zur Disposition stand. Es war klar, dass für ihn wegen seines offensichtlichen Mangels an «reiner Gesinnung und gutem Willen» gegenüber der nationalsozialistischen Theorie und Praxis (A7) kein Platz mehr in der Leitung einer gleichgeschalteten Akademie sein würde und auch von Planck selbst nicht mehr angestrebt wurde, wie Marga Planck an Lise Meitner am 19. Dezember 1938 schrieb (A19). Allerdings räumte er nicht ganz kampflos die Position, und man versuchte Reste akademischer Selbstverwaltung gegenüber dem Ministerium zu sichern. So sollten bei der Nominierung des neuen Akademiepräsidenten neben politischen Vorgaben auch wissenschaftliche Kriterien die gebührende Beachtung finden. Bei der Präsidentenwahl im Sommer 1939 führte Planck die Fronde gegen die Wahl des Mathematikers Theodor Vahlen an, eines verdienten Alt-Nazis, der aber nicht die erforderliche Stimmenmehrheit erreichen konnte – allerdings hinderte dies das Ministerium nicht daran, ihn dennoch ins Amt einzusetzen (B21, S. 80).

Nach diesem Scharmützel mit der nationalsozialistischen Macht zog sich Planck fast gänzlich aus der Akademie zurück, zu deren altgedienten und verdienstvollsten Mitgliedern er gehörte. Dies geschah wohl auch mit Gefühlen der Resignation und Bitterkeit, denn wie Marga Planck am 13. April 1939 Lise Meitner nach Stockholm schrieb: «... der Gang in die Akademie (bereitet ihm) viel Kummer u. Ärger u. er hat sich die Sache sehr zu Herzen genommen.» (A19)

All das hat entscheidend dazu beigetragen, dass ab Mitte der 1930er Jahre bei Planck die letzten Illusionen über das Nazi-Regime verloren gingen. Schon die skandalöse Behandlung von Haber und anderen verdienstvollen Wissenschaftlern und solche politische Entwicklungen wie die brutale und gesetzlose Niederschlagung des sogenannten Röhm-Putsches im Sommer 1934, bei dem der Mentor seines Sohnes Erwin und auch von ihm persönlich hoch geschätzte Kurt von Schleicher kaltblütig ermordet wurde, werden ihn in seiner intellektuellen Verachtung und elitären Distanz gegenüber der NS-Herrschaft bestärkt haben. Als wenige Wochen später auch der Reichspräsident Paul von Hindenburg starb und sich Hitler als unumschränkter und gottähnlicher Führer inszenierte, war nicht nur der vermeintlich letzte Garant der alten Ordnung dahingegangen, sondern wohl auch die Hoffnungen auf ein zwar autoritäres, doch von konservativer Stabilität geprägtes autokratisches Staatswesen. Mit einem «Duce» oder «Caudillo» à la Mussolini oder Franco hätte wohl Planck und mit ihm der Großteil der rechtskonservativen und antirepublikanischen Elite in Deutschland leben und sich arrangieren können.

Bekanntermaßen nahm die deutsche Geschichte jedoch einen anderen Weg, und unter dem Eindruck dieser Entwicklung wandelten sich Plancks intellektuelle Verachtung und elitäre Distanz gegenüber dem NS-Regime, die anfangs mit Kompromissbereitschaft und partieller Kooperation einhergegangen waren, zu einer Position, der zwar lauter und vernehmlicher Protest oder gar Widerstand gegen die tägliche Willkür und die Verbrechen der Nazi-Diktatur fremd waren, die jedoch als antinazistische Resistenz sowohl von den Anhängern und Bewunderern Plancks als auch von den Nazis selbst wahrgenommen wurde. Zum bevorzugten Forum dieser stillen Resistenz – wie Rüdiger Hachtmann jüngst Plancks Haltung charakterisiert hat (B10, S. 34) – wurden insbesondere seine öffentlichen Vorträge. Seit 1908 hatte Planck in populären Vorträgen zu weltanschaulichen und erkenntnistheoretischen Grundfragen der Physik wiederholt Stellung genommen (B14). Er wollte damit einem interessierten Laienpublikum naturwissenschaftliche Erkenntnisse aus erster Hand vermitteln sowie bei Fachkollegen für ein einheitliches und antipositivistisches physikalisches Weltbild werben.

In den Vorträgen der 1930er und 1940er Jahre rückten nun weltanschauliche und ethische Probleme sowie die Frage nach dem Sinn menschlicher Forschungstätigkeit in den Mittelpunkt der Erörterung – Themen, die so im nationalsozialistischen Diskurs kaum diskutiert wurden oder gar quer zur nationalsozialistischen Ideologie und Weltanschauung standen. Exemplarisch macht dies sein Vortrag «Die Physik im Kampf der Weltanschauung» deutlich, den er erstmals am 6. März 1935 im Harnack-Haus der KWG hielt (P9, S. 285–300). Der Vortrag beschäftigte sich mit der Rolle der Weltanschauung für die physikalische Forschung und kann als eine implizite Auseinandersetzung mit der «Deutschen Physik» gelesen werden, die die rassische Herkunft zur zentralen Maxime für gute oder schlechte Forschung erhob. Dagegen stellte Planck sein emphatisches Plädoyer für Pluralismus und Internationalismus in der Wissenschaft. Darüber hinaus sprach der Vortrag ziemlich direkt Zustände politischer und juristischer Willkür an:

> Von der Wahrhaftigkeit unzertrennlich ist die Gerechtigkeit ... Wie die Naturgesetze ehern und folgerichtig wirken, im Großen nicht anders wie im Kleinen, so verlangt auch das Zusammenleben der Menschen gleiches Recht für alle, für Hoch und Niedrig, Vornehm und Gering. Wehe einem Gemeinwesen, wenn in ihm das Gefühl der Rechtssicherheit ins Wanken kommt, wenn bei Rechtsstreitigkeiten die Rücksicht auf Stellung und Herkunft eine Rolle spielt, wenn der Wehrlose sich nicht von oben geschützt weiß vor dem Zugriff des mächtigeren Nachbars, wenn offenbare Rechtsbeugungen mit fadenscheinigen Nützlichkeitserwägungen bemäntelt werden ... In solcher Gesinnung [der Rechtssicherheit – D. H.] ist Preußen und Deutschland groß geworden. Möge sie unserem Volke niemals verloren gehen! Ein jeder, der sein Vaterland liebt, hat die heilige Pflicht, an ihrer Erhaltung und Vertiefung mitzuarbeiten. (P9, S. 299)

Auch in seinen anderen Vorträgen dieser Jahre – «Vom Wesen der Willensfreiheit» (1936), «Religion und Naturwissenschaft» (1937), «Determinismus und Indeterminismus» (1937), «Sinn und Grenzen der exakten Wissenschaft» (1941) (P9, S. 301–380) – finden sich Passagen und wurden Bilder bzw. Assoziationen gewählt, die zeigen, dass Planck das nationalsozialistische Weltbild ablehnte und er nun weltanschaulich und politisch in deutlicher Distanz zur NS-Ideologie wie zum Regime überhaupt stand. Eine besondere Rolle hat dabei sicherlich seine tiefe Religiosität gespielt. In seinem Vortrag «Religion und Naturwissenschaft» betonte er die Bedeutung religiöser Werte für das sittliche Handeln der Menschen und stellte dem Ungeist und der Unmoral der NS-Herrschaft die Werte des Christentums und des menschlichen Anstands entgegen. Plancks Motto «Hin zu Gott!» war so nicht zuletzt Ausdruck innerer Auflehnung und geistiger Gegenwehr – eben jener stillen Resistenz, die aus Planck zwar keinen Widerstandskämpfer, doch einen Hoffnungsträger für viele machte und insbesondere für jene, die es verstanden, zwischen den Zeilen zu lesen.

Plancks Antipathien gegen den Nationalsozialismus wurden bei den entsprechenden Parteistellen registriert und entsprechend bewertet (A7, A13), jedoch ohne dass daraus konkrete Repressalien gegen seine Person erwachsen wären oder dies Konsequenzen für seine Vortragstätigkeit gehabt hätte. Lediglich Auftritte bei Partei- und KdF-Veranstaltungen schlossen die NS-Ideologen aus, womit sie aber wohl bei Planck selbst offene Türen einrannten. Vor einem generellen Vortragsverbot schützten ihn nicht nur seine Prominenz und sein Ansehen als einer der bedeutendsten zeitgenössischen Physiker, sondern wohl ebenfalls die Tatsache, dass er nach wie vor einen Aktivposten deutscher Kulturpolitik im Ausland darstellte. Schließlich war er nicht nur in seinem Heimatland ein begehrter und begeisternder Redner. Bis weit in den Krieg hielt er Vorträge vor bildungsbeflissenem und deutschfreundlichem Publikum im Baltikum (1937), in Rom (1941), Budapest (1942), Zagreb (1942), Prag (1942) Bern (1943), Helsinki (1943) und Stockholm (1943); ein vom Wissenschaftsministerium vermitteltes

Abb. 15: Erwin Planck vor dem Volksgerichtshof, 23. Oktober 1944

Vortragsangebot in Lissabon musste er aus Gesundheitsgründen absagen.

Da wir bislang nur wenig über die konkreten Umstände und politischen Rahmenbedingungen dieser Vorträge und Auslandsreisen wissen, sollte man sich vor allzu schnellen Urteilen hüten, die Planck zum Protagonisten oder gar Aktivisten der nationalsozialistischen Kulturpropaganda des Dritten Reiches machen. Auf jeden Fall zeugen sie aber von seinem ungebrochenen Glauben an die Internationalität der Wissenschaften und vom Festhalten an der Pflege internationaler Wissenschaftsbeziehungen auch in politisch schwierigen Zeiten.

Beraten und bestärkt wurde Planck in seinen Handlungen während des Dritten Reiches durch seinen Sohn Erwin, der ihm im Alter besonders nahe stand und sein «engster Vertrauter» geworden war (M6). Dieser hatte zunächst eine militärische Laufbahn eingeschlagen, bevor er in den 1920er Jahren in die Politik wechselte und dort als enger Mitarbeiter und Protegé Kurt von Schleichers eine bemerkenswerte Karriere machte – zum Schluss war er in den Regierungen Papen und Schleicher Staatssekretär der Reichskanzlei. 1933 ließ er sich in den Ruhestand versetzen und ging später als Berater des Otto-Wolff-Konzerns in die Wirtschaft. Über Johannes Popitz, den früheren preußischen Finanzminister, kam er Anfang der 1940er Jahre in Kontakt zum konservativen Widerstandskreis um Carl Friedrich Goerdeler und damit zu den Verschwörern des 20. Juli 1944. Diese hatten ihn auf eine Kabinettsliste gesetzt, was zu seiner Verhaftung Ende Juli 1944 führte; der Freisler'sche Volksgerichtshof verurteilte ihn am 23. Oktober 1944 zum Tode. Zusammen mit seiner Schwiegertochter hat sich Planck in den folgenden Wochen verzweifelt darum bemüht, seinen «nächsten und besten Freund», der ihn gerade in den letzten Jahren «mit Rat und Tat zur Seite» gestanden hatte, zu retten. Schließlich entschloss er sich sogar, bei Hitler «als Dank des deutschen Volkes für meine Lebensarbeit, die ein unvergänglicher geistiger Besitz Deutschlands geworden ist» (A3), um Gnade für seinen Sohn und die Umwandlung der Todesstrafe in eine Freiheitsstrafe zu bitten. Sein Gnadengesuch blieb ungehört. Erwin Planck wurde am 23. Januar 1945 im Zuchthaus Plötzensee von den Nazis ermordet. Als Max Planck von der Vollstreckung des Todesurteils erfuhr, schrieb er seinem Münchener Kollegen Arnold Sommerfeld: «Mein Schmerz ist nicht mit Worten auszudrücken. Ich ringe nur um die Kraft, mein zukünftiges Leben durch gewissenhafte Arbeit sinnvoll zu gestalten.» (L43, Bd. 2, S. 563)

7. Alter und Mythos

Max Planck erlebte das Kriegsende und den Untergang Nazi-Deutschlands in Rogätz, einem kleinen Dorf in der Altmark, an der Elbe nördlich von Magdeburg gelegen. Dort hatte er auf dem Gut des befreundeten rheinischen Stahlindustriellen und Mäzenaten Carl Still Zuflucht vor den Wirrnissen und Beschwerlichkeiten der letzten Kriegsjahre gefunden (A17), die von schweren persönlichen Schicksalsschlägen überschattet waren. Neben dem Tod seines Sohnes Erwin, der ihm gerade in den

Abb. 16: Max Planck mit Carl Still in Rogätz, 1942

Jahren des Dritten Reiches zum engsten Vertrauten und Ratgeber geworden war, musste er den Verlust seines Hauses im Berliner Grunewald beklagen, das im Februar 1944 bei einem Luftangriff vollständig ausbrannte. Verloren ging damit nicht nur ein Großteil der materiellen Habe Plancks, auch seine Bibliothek sowie die unersetzlichen wissenschaftlichen Aufzeichnungen, Tagebücher und Briefe wurden ein Raub der Flammen (B19). Planck selbst war während seiner letzten Vortragsreise in Kassel ebenfalls in das Inferno eines Bombenangriffs geraten, verschüttet worden und dem Tod nur knapp entronnen. Dramatisch waren auch die letzten Kriegstage verlaufen, als Rogätz im April 1945 Kampfgebiet und das Dorf evakuiert wurde. Für mehr als zwei Wochen musste man in primitiven Notunterkünften campieren. Für den fast Neunzigjährigen, dessen Gesundheit ohnedies angegriffen war, sicherlich eine Tortur, über die Plancks Frau im Mai 1946 an Lise Meitner berichtete:

> An der Elbe ging es uns noch recht schlecht. Wir waren ja mitten im Kampfgebiet und haben so ziemlich alle Schrecken des Krieges zuguterletzt noch miterlebt. Dabei waren das Schlimmste die Schmerzen, die m(ein) Mann ausstehen musste, er schrie oft z. B. beim Trecken, das Heben in die Wagen; und kein Arzt in der Nähe. Ins Guthaus durften wir nicht mehr herein nachher, alles wurde uns geplündert ... (A19)

Bereits in den letzten Monaten des Krieges hatte es Bemühungen der Familie Still und befreundeter Göttinger Kollegen, namentlich Robert Pohls, gegeben, Planck in die weitgehend unzerstörte Universitätsstadt am Rande des Harzes zu holen. Am 16. Mai waren diese Bemühungen endlich erfolgreich. Der amerikanische Astronom Gerard Kuiper brachte Max und Marga Planck in einem Jeep nach Göttingen, wo sie im Haus von Plancks Nichte Hildegard Seidel für die nächsten Jahre eine neue Bleibe fanden.

Kuipers Expedition an die Elbe war nicht nur Freundesdienst und humanitäre Aktion, da er wohl auch im offiziellen amerikanischen Auftrag gehandelt hat. Kuiper war nämlich stellvertretener Leiter der sogenannten Alsos-Mission, eines speziellen Geheimdienstkommandos mit dem Auftrag, Informationen über die deutschen Entwicklungsarbeiten im Bereich der Kernenergie zu sammeln und die deutschen Spezialisten auf diesem Gebiet ausfindig zu machen. In den letzten Kriegstagen wurden so die deutschen Vorräte an Uran und Schwerem Wasser erbeutet, mit denen die Gruppe um Werner Heisenberg im württembergischen Haigerloch Reaktorexperimente durchgeführt hatte; auch wurden durch die Alsos-Mission zehn führende deutsche Atomforscher festgesetzt und für ein halbes Jahr in England interniert (L20). Dass Max Planck nicht zu jenen deutschen Gelehrten gehörte, die sich während des Dritten Reichs mit kernphysikalischen Forschungen oder gar mit dem Bau einer Atombombe beschäftigt hatten, war natürlich auch in amerikanischen Geheimdienstkreisen bekannt. Als Doyen der deutschen Physik besaß Planck indessen einen so großen Symbolwert, dass man den weltberühmten Gelehrten möglichst nicht in der sowjetischen Einflusssphäre belassen wollte, zu der Rogätz nach den Beschlüssen von Jalta bald gehören würde. Politisches Kalkül und humanitäre Hilfe kamen so zusammen und führten dazu, dass Planck für den Rest seines Lebens in Göttingen, der Stadt seiner Vorfahren, eine neue Heimat fand.

Obwohl Göttingen von Kriegshandlungen und Bombenangriffen verschont blieb, waren die Lebensbedingungen auch hier alles andere als ideal. Es herrschten ein katastrophaler Mangel an Wohnraum und vielfach auch Hunger und Not. So verfügten die Plancks im Haus der Nichte lediglich über zwei kleine möblierte Zimmer; mehrere Familien mussten in dem bescheidenen Haus miteinander ihr Auskommen finden. Es mangelte an allem und nicht zuletzt an Grundnahrungsmitteln sowie an Heizmaterial für den Winter. Abgesehen davon, dass sich in dieser Zeit selbst mit Geld nicht alles beschaffen ließ und meist nur der Naturalien- bzw. Tauschhandel das Leben sichern konnte, war auch die finanzielle Situation des weltberühmten und einst betuchten Gelehrten prekär. Seine Konten in Berlin waren im Chaos der unmittelbaren Nachkriegszeit praktisch nicht erreichbar; zudem wurden im Sommer die bis dahin regelmäßig gezahlten Pensionszahlungen vorübergehend eingestellt, weil die Lage es nicht zuließ, die Vielzahl der nach Göttingen übergesiedelten Professoren zu versorgen. Dies alles besserte sich zwar nach und nach, dennoch war damals auch im Hause Planck die Not groß. Hinzu kamen die Gebrechen des Alters und akute Krankheiten, insbesondere eine schwere Arthrose, die längere Klinikaufenthalte nötig machte.

Dass sich die Lebensbedingungen trotz alledem erträglich gestalteten und über die Not des Alltags die Erledigung anderer Dinge wieder gelang, dazu trug die Unterstützung bei, die Planck von Freunden und Kollegen in dieser Zeit empfing. So wurde ihm durch die Vermittlung Carl Stills eine Fuhre Koks zugeteilt, mit der sich einigermaßen über den Winter kommen ließ. An den Spender schrieb er im November 1945:

> Sie haben uns mit Ihrer Kokssendung eine ebenso große Freude wie Überraschung bereitet, denn wir waren wegen der Heizungsfrage für den kommenden Winter hier in Göttingen in recht ernster Verlegenheit. Da kam Ihr Koks wie eine Gottesbotschaft vom Himmel. Das möchte ich Ihnen doch gerne auch direkt aussprechen. Denn die Wärme ist mir noch wichtiger als die Nahrung. (A17)

Zur Milderung der Nahrungsmittelnot trugen nicht zuletzt die Care-Pakete bei, die Planck aus allen Teilen der Welt und vor allem natürlich aus Amerika erhielt. «Dank der Auslandspakete gut zu essen!» und «Ich kann Ihnen versichern: ohne die Hilfe der Freunde im Ausland wäre mein Mann ganz bestimmt nicht über den Winter gekommen», notierte Marga Planck in Briefen an Lise Meitner in Stockholm, und Lise Meitner berichtete am 9. März 1947, dass häufig Kollegen nach der Adresse von Planck fragten, «offenbar um Ihnen etwas zu schicken. Jeder Theoretiker fühlt sich ja Ihrem Mann zu großem Dank verpflichtet, abgesehen von der großen Verehrung, die Ihr Mann auf der ganzen Welt geniesst.» (A19)

Auch im Nachkriegsdeutschland wusste man um die Bedeutung von Max Planck. Als nach Kriegsende die Kaiser-Wilhelm-Gesellschaft führerlos geworden und zudem in ihrer Existenz bedroht war (L16), bat der amtierende Generalsekretär der KWG, Ernst Telschow, nicht zufällig Max Planck, nochmals für ein Interregnum das Präsidentenamt zu übernehmen. Dieser nahm die neue, alte Würde an, obwohl sie für ihn in jener Zeit vor allem eine große Bürde bedeutete und er sie aus gesundheitlichen Gründen nicht mehr ganz auszufüllen vermochte. Dennoch war Plancks Entschluss, zumindest nach außen hin als Präsident zu agieren – die eigentliche Arbeit wurde durch Telschow und die Reste der Generalverwaltung der KWG geleistet –, für den Bestand und späteren Neubeginn der Gesellschaft entscheidend, da sich Angriffe auf die Gesellschaft mit dem Verweis auf Plancks wissenschaftliche Autorität und persönliche Integrität weitgehend neutralisieren ließen. Hinzu kam, dass sein Name durch die Hinrichtung Erwin Plancks mit dem Widerstand gegen die Nazi-Diktatur verknüpft wurde. Dass man viel zu lange Illusionen gepflegt, es auch manchen Kompromiss mit der nationalsozialistischen Macht gegeben hatte und generell die Zumutungen und Übergriffe der Nazis nicht konsequent genug zurückgewiesen worden waren, wurde auf diese Weise genauso schnell vergessen wie die Instrumentalisierung von großen Teilen der Forschungskapazität der Kaiser-Wilhelm-Gesellschaft für die aggressiven und verbrecherischen Ziele des Dritten Reiches, für deren Charakter der Historiker Herbert Mehrtens die Bezeichnung «Kollaborationsverhältnisse» eingeführt hat (L35). Vielmehr berief sich Planck nun allein auf das Idealbild der Kaiser-Wilhelm-Gesellschaft, die sich «unabhängig von allen Strömungen der Zeit nur der Wahrheit der Wissenschaft» verpflichtet fühlt (M11, S. 88). Mit solchen Erklärungen hat Planck mit dazu beigetragen, dass eine gründliche Aufarbeitung der Vergangenheit der KWG für lange Zeit tabuisiert blieb, was jedoch für die frühe bundesrepublikanische Gesellschaft keineswegs untypisch war.

Nachdem Otto Hahn Anfang 1946 endlich aus der englischen Internierung nach Deutschland zurückgekehrt war und sich in Göttingen niedergelassen hatte, löste er zum 1. April 1946 Max Planck als Präsidenten der Kaiser-Wilhelm-Gesellschaft ab; gleichzeitig wurde Planck zum «Ehrenpräsidenten» ernannt. Das symbolische Kapital, das mit dem Namen Planck verknüpft ist, blieb der Gesellschaft so für die Zukunft erhalten. Dies umso mehr, als man sich 1946 sogar entschloss, ihr den Namen «Max-Planck-Gesellschaft» zu geben. Hintergrund dieser Entscheidung war, dass der Interalliierte Kontrollrat die Auflösung der Kaiser-Wilhelm-Gesellschaft verfügt hatte, man diesen Beschluss in der britischen Zone aber umgehen und ein Fortbestehen der Gesellschaft unter einem zeitgemäßen Namen ermöglichen wollte (M11, S. 407 ff.). Sosehr Planck diese Namensgebung geehrt haben mag, wird er ihr wohl nur schweren Herzens zugestimmt haben, denn in der Weimarer Republik war er dem Ansinnen sozialdemokratischer Kreise nach Namensänderung noch energisch entgegengetreten und hatte den Namen des einstigen kaiserlichen Patrons als das «kostbare Symbol ihrer Würde» bezeichnet (L2, S. 227). Als nun aber dieses Symbol, das gerade in der angelsächsischen Welt für den deutschen Militarismus und Imperialismus stand, ihre Existenz gefährdete, zeigte sich Planck erneut als Realist und stimmte der neuen Namensgebung vorbehaltlos zu. Am 10. September 1946 telegrafierte er der in Bad Driburg tagenden Gründungsversammlung der Max-Planck-Gesellschaft in der britischen Zone:

> Sende ich Ihnen und allen Anwesenden meine besten Wünsche zugleich mit aufrichtigem Dank für die Ehrung, die durch die Wahl meines Namens mir zuteil wird – stopp – möge die Max Planck Gesellschaft stets die Tradition der Kaiser Wilhelm Gesellschaft fortset-

zen und sich immer bewußt bleiben, daß sie unabhängig von allen Strömungen der Zeit nur der Wahrheit der Wissenschaft dienen soll. Max Planck. (M11, S. 88)

Wahrscheinlich waren dieser Entscheidung vorbereitende Gespräche in London vorangegangen. Planck hatte dort den Newton-Feiern der Royal Society, deren Mitglied er seit 1926 war, beigewohnt – als ältester Teilnehmer, vor allem aber als einziger offiziell eingeladener Deutscher. Dies empfand er als Auszeichnung, und es mag ihn in seinem Entschluss zur Teilnahme bestärkt haben, obwohl sein Gesundheitszustand eigentlich eine andere Entscheidung verlangt hätte. Die Reise nach London war ihm ein großes persönliches Anliegen, mit der er ein Zeichen für die Versöhnung und Verständigung der Völker setzen wollte, und sie war ihm auch eine nationale Pflicht. Gerne nahm er so die gewaltige Willensanstrengung und die Reisestrapazen auf sich. Umso schmerzlicher muss er die Tatsache empfunden haben, dass er in London nicht wie die anderen Teilnehmer als Delegierter seines Landes, sondern lediglich – wie Marga Planck an Freunde berichtete (A17) – «als Gast» begrüßt wurde; Deutschland gab es nicht mehr. Dennoch genossen Max Planck und seine Frau die Tage in England und das Wiedersehen mit Kollegen und Freunden. Sogar Lise Meitner war aus diesem Anlass nach London gekommen. Für sie war das Wiedersehen mit ihrem einstigen Lehrer

wie ein Geschenk vom Himmel. Natürlich fand ich Ihren Mann im Vergleich zu seiner Frische, die ich 1943 hier in Stockholm so bewundert hatte, stark gealtert, und es tat am Anfang etwas weh. Aber es ist ja so gut zu verstehen nach allem, was er in diesen Jahren erlebt hat ... Die Reinheit und Unbestechlichkeit seiner Persönlichkeit haben allen Jahren widerstanden. (A19)

Auch diese Reise dokumentiert, dass Planck in der Nachkriegszeit zwar nicht mehr Repräsentant der deutschen Wissenschaft sein konnte, doch nun die Rolle einer Integrationsfigur und fast schon mythischen Erscheinung ausfüllte.

Ins zerstörte und darbende Deutschland zurückgekehrt, unterzog sich Planck noch einer anderen Pflicht, nahm er doch seine öffentliche Vortragstätigkeit wieder auf. Das Theologenkonvikt Paderborn hatte ihn im Oktober 1946 zu Vorträgen eingeladen, die ihn in den folgenden Monaten auch nach Hannover, Hildesheim, Bonn und Leverkusen führten. Auf der Reise nach Leverkusen erkältete er sich in der ungeheizten Eisenbahn so stark, dass sich daraus eine doppelseitige Lungenentzündung entwickelte, die einen wochenlangen Krankenhausaufenthalt nötig machte. Zu den Motiven eines so aufopferungsvollen Wirkens hat sich Planck noch selbst im Frühjahr 1947 in einer Zeitungszuschrift geäußert:

> Wissenschaftlich produktiv kann ich mit meinen 89 Lebensjahren nicht mehr sein; was mir bleibt, ist die Möglichkeit, die Fortschritte zu verfolgen, die meine Arbeiten mit angebahnt haben, und ab und zu durch Wiederholung meiner Vorträge den Wünschen der nach Wahrheit und Erkenntnis ringenden Menschen, vor allem der Jugend, entgegenzukommen. (P16)

Max Planck konnte sich von der schweren und lebensbedrohlichen Krankheit noch einmal erholen. Im Juni 1946 hielt er für das Akademische Hilfswerk in Göttingen nochmals einen Vortrag, ja man machte sogar noch Pläne für eine Reise in die Schweiz. Zusehends schwanden jedoch seine Lebenskräfte, und in den Briefen seiner Frau mehrten sich die Krankheitsberichte. Ein schwerer Sturz machte im August 1947 erneut einen längeren Krankenhausaufenthalt nötig. Diesmal sollte er sich nicht wieder erholen. Am 4. Oktober 1947 starb Max Planck in Göttingen nach langem Leiden.

Die drei Tage später in der Göttinger Albanikirche stattfindende Totenfeier gestaltete sich zu einer eindrucksvollen Manifestation der Verehrung für den Gelehrten. Neben den Angehörigen füllten viele Kollegen, Freunde und Studenten das Kirchenschiff. Max von Laue, als wohl engster Schüler und Mitarbeiter Plancks, sowie Otto Hahn als Präsident der Max-Planck-Gesellschaft gedachten in bewegenden Ansprachen des großen Physikers, Kollegen und Lehrers; der Göttinger Theologe Friedrich Gogarten hielt die Predigt und nahm die Einseg-

Abb. 17: Max Planck mit seinem «nächststehenden Schüler und Freund» Max von Laue (1879–1960), Göttingen 1947

nung des Sarges vor, der von Physikstudenten aus der Kirche getragen wurde (A17).

Die Aufmerksamkeit, die der Tod von Max Planck in der Öffentlichkeit erregte, war außergewöhnlich und von einer beinahe mythischen Verklärung seiner Person begleitet. Fast alle deutschen Tageszeitungen druckten Nachrufe und berichteten über die Trauerfeierlichkeiten, die ein Tonfilmwagen zudem dokumentierte. Ebenso groß war die Anteilnahme, die in- und ausländische Kollegen und Freunde Plancks der Witwe entgegenbrachten. Unter ihnen befand sich auch Albert Einstein, der nach den bedrückenden Ereignissen des Frühjahrs 1933 den Kontakt zu Planck abgebrochen hatte. Angesichts des Todes seines einstigen Gönners und Kollegen fand er versöhnliche und bewegende Worte der Erinnerung an die gemeinsamen Jahre in Berlin:

> Es war eine schöne und fruchtbare Zeit, die ich in seiner Umgebung miterleben durfte ... Die Stunden, die ich in Ihrem Hause verbringen durfte, und die vielen Gespräche, welche ich unter vier Augen mit dem wunderbare Manne führte, werden für den Rest des Lebens zu meinen schönsten Erinnerungen gehören. Daran kann die Tatsache nichts ändern, dass uns ein tragisches Schicksal auseinander gerissen hat ... Von ferne teile ich mit Ihnen den Schmerz des Abschiedes. (A20, Nr. 19406)

Fast noch eindrucksvoller gestaltete sich die Gedenkveranstaltung, die zu Plancks 90. Geburtstag, am 23. April 1948, in Göttingen veranstaltet wurde (B5). Bemerkenswert ist nicht allein der Umstand, dass damals seit Plancks Tod erst wenige Monate vergangen waren, bemerkenswert war vor allem die Prominenz der Teilnehmer, die der Einladung der Max-Planck-Gesellschaft und anderer deutscher Wissenschaftsinstitutionen gefolgt waren. Neben Vertretern der wichtigsten deutschen Universitäten und Hochschulen sowie den Akademien und außeruniversitären Forschungseinrichtungen sah man in der Aula der Göttinger Universität mehrere Repräsentanten ausländischer Akademien und Forschungsinstitute und nicht zuletzt hochrangige Offiziere der Besatzungsbehörden – ein im damaligen Deutschland höchst seltenes Bild. In den Grußworten sowie den Gedenkreden von Max von Laue und Werner Heisenberg wurden nicht nur Plancks wissenschaftliches Werk und seine Bedeutung für die Physik ausführlich dargestellt, sondern gewürdigt wurde vor allem auch seine Persönlichkeit, der «lautere Charakter», die «Humanität» und «Vorbildlichkeit» sowie die «Reinheit und Unbestechlichkeit» des Gelehrten (Z6). Mit dieser Verklärung der Person Plancks, um die «ein Hauch aus heiligem Bezirk wehte» (B5, S. 126), wurde aus dem Idol das Ideal eines Gelehrten konstruiert, war der Mythos Planck endgültig geboren und kanonisiert.

Doch nicht allein in Göttingen und damit im Westen Deutschlands war man bemüht, Plancks Namen für den Wiederaufbau zu nutzen. Auch an Plancks einstigen Hauptwirkungsstätten, der Berliner Universität und der Akademie, die nun im sowjetischen Machtbereich lagen, gab es intensive Bemühungen, sich mit dem Nimbus Plancks zu schmücken und daraus symbolisches Kapital zu schlagen. So wurde von der Zentralverwaltung für Volksbildung und der Akademie die Idee verfolgt, eine «Max-Planck-Stiftung» zu gründen, die in der Tradition der einstigen Notgemeinschaft insbesondere auf physikalisch-naturwissenschaftlichem Gebiet «Forschungsarbeiten einzelner Forscher und Forschungsgemeinschaften» fördern sollte. Dass es dazu dann doch nicht kam, ist wohl darauf zurückzuführen, dass nach der Gründung zweier deutscher Separatstaaten im Herbst 1949 ein solches, immerhin gesamtdeutsch gedachtes Förderkonzept, nicht mehr in die wissenschaftspolitische Landschaft passte.

Größerer Erfolg war dagegen einer anderen Planck-Initiative der Berliner Akademie beschieden. Bereits in ihrer ersten Plenarsitzung nach dem Tode Plancks, am 9. Oktober 1947, hatte man die Errichtung eines Planck-Denkmals angeregt, wobei die Initiative gemeinsam von Akademie und Universität getragen werden sollte (B23). Der Plan sah vor, das Planck-Denkmal dem Helmholtz-Denkmal im Ehrenhof der Universität an die Seite zu stellen und damit eine Traditionslinie deutlich zu machen, in die auch der Wiederaufbau der Berliner Wissenschaft verortet werden sollte. Am geschlossenen Wettbewerb für das Denkmal beteiligten sich sechs prominente Bildhauer; der jüngste unter ihnen, der damals 33-jährige Bernhard Heiliger, erhielt mit seinem Entwurf einer überlebensgroßen Bronzeskulptur den Zuschlag. Obwohl der Denkmalsockel bereits montiert und die Einladungen für die feierliche Enthüllung gedruckt waren, kam es im Januar 1950 dann doch nicht zur Aufstellung des Denkmals am geplanten Ort vor der Humboldt-Universität. Als Grund für die plötzliche Absage wurde angegeben, dass das Denkmal «der Persönlichkeit des großen Gelehrten» nicht gerecht werde. Obwohl Heiligers Planck-Denkmal durchaus sa-

Abb. 18: Das Max-Planck-Denkmal von Bernhard Heiliger in Zeuthen, um 1980

krale Züge aufweist und damit dem gewünschten Zweck, der Verehrung für Planck zu dienen, entsprach, stand seine relativ abstrakte Ausführung zweifelsohne im Widerspruch zum zeitgenössischen Kunstgeschmack. Einige Physiker vermochten darin nicht den «verehrungswürdigen» Lehrer und Forscher zu erkennen, sondern sahen vielmehr ein «Gespenst im Nachthemd» oder gar den «Neandertaler». Diese vermeintlich ästhetische Argumentation wurde von der Politik instrumentalisiert. Im Zuge der damals in der DDR einsetzenden und von der Partei kontrollierten Formalismusdebatte wurden im Besonderen abstrakte und den Grundsätzen des sogenannten sozialistischen Realismus nicht entsprechende Kunstwerke als «sinnentleerte Spielereien» sowie als «dekadent» und «bürgerlich» diffamiert. Heiligers Planck-Denkmal erschien als ein solches und widersprach nicht nur der Erinnerung an den verehrten Lehrer und Kollegen, sondern auch der klassischen Denkmalskultur, die Heroen in Bronze goss und auf den Sockel stellte. In heiliger Eintracht von stalinistischer Kulturpolitik und konservativem Kunstgeschmack der Physiker konnte die Aufstellung des Denkmals vor der Universität ohne nennenswerten Widerstand verhindert und dieses an den Stadtrand von Berlin verbannt werden, wo es über 50 Jahre von kunstsinnigen Physikern gepflegt wurde. Erst im Herbst 2006 kam es schließlich an seinen ursprünglich geplanten prominenten Aufstellungsort im Ehrenhof der Humboldt-Universität Unter den Linden. Einem

Nachguss des Denkmals war es in der Bundesrepublik nicht viel besser ergangen, verschwand es doch zunächst im Depot des Kölner Wallraf-Richartz-Museums und wurde erst 1963 vor dem Max-Planck-Institut für Züchtungsforschung in Köln-Vogelsang aufgestellt. Auch hier, wie bei den Querelen um die Aufstellung des Denkmals in Berlin, war im Übrigen der Planck-Mythos präsent, wurde wenig über Kunst gesprochen, sondern vor allem über ein idealisiertes Bild des Gelehrten, das der Künstler reproduzieren sollte und in dem eine differenzierte oder gar abstrakte Sicht keinen Platz hatte. Die Meinungsäußerung eines Lehrers aus dem Jahre 1963 macht dies exemplarisch deutlich:

> Wenn die Schüler ihren Lehrer nicht mehr erkennen können, weder Güte noch Genialität im Gesichtsausdruck liegt, dann ist das Standbild nicht geeignet, der neuen Generation ein rechtes Bild von einem unserer Größten, dem beides in so großem Maße zu eigen war, zu vermitteln. (B23, S. 195)

Während das Planck-Denkmal Heiligers – zumindest im zeitgenössischen Urteil – das Idealbild Plancks und damit seinen Mythos auf spezifische Weise infrage stellte, wurde diesem im Zusammenhang mit einem anderen Nachkriegsereignis in positiver Weise entsprochen. Auch in diesem Fall gingen – allerdings in ganz anderer Weise als beim Heiliger-Denkmal – wieder Physik und Politik eine absichtsvolle Symbiose ein. Mitte der 1950er Jahre stellte sich die Frage, was anlässlich des anstehenden 100. Geburtstages von Planck geschehen solle. Es wurde die Idee entwickelt, das Jubiläum zu einer «gesamtdeutschen Nationalfeier» mit hochkarätigen wissenschaftlichen Veranstaltungen in Ost und West zu gestalten. Dies erregte insbesondere in der DDR das Misstrauen der Politik, doch führte das Vorhaben auch im Westen zu manchen Irritationen (B18). Allerdings konnte und wollte man weder im Osten und erst recht nicht im Westen einen Rückzieher machen, wäre doch der Gesichts- und Prestigeverlust zu groß und unkalkulierbar geworden. Der 100. Geburtstag von Planck wurde in Ost- und in Westberlin mit gemeinsam organisierten Festsitzungen begangen und geriet so zu einem neuerlichen «großen Fest der Physiker», das wiederum – wie schon 1938 – in einem hochpolitischen Kontext stattfand. Aber anders als vor zwanzig Jahren reklamierten diesmal nicht nur die Physiker bzw. die Wissenschaft generell Planck für sich, sondern die Politik suchte ebenfalls ihn bzw. sein Erbe zu vereinnahmen. Mit besonderer Penetranz geschah dies in der DDR, wo am 23. April 1958 das SED-Zentralorgan *Neues Deutschland* mit einer ganzseitigen Adresse des Zentralkomitees der SED, des höchsten Machtorgans der DDR, aufmachte und verkündete, dass

> allein die Arbeiterklasse, die den Sozialismus erbaut und den Frieden der Welt verteidigt, das Recht (hat), den großen Naturforscher Max Planck zu feiern. Die Bourgeoisie hat das Recht auf die Pioniere der Wissenschaft verwirkt ... Was Planck und mit ihm eine Generation jüngerer Physiker geschaffen hat, das kann der Kapitalismus nicht mehr verarbeiten.

Abgesehen von solch ideologischem Getöse zeigte die zahlreiche Teilnahme von prominenten Physikern aus Ost und West, dass die Feiern zu Plancks 100. Geburtstag nicht nur die größte Physikertagung in Deutschland nach dem Zweiten Weltkrieg war, sondern dass diese von ihnen als Zeichen verstanden wurde, dass nach der Schreckenszeit der NS-Diktatur und des Zweiten Weltkriegs und über die aktuellen Gräben des Kalten Krieges hinweg man wieder bereit und fähig war, das Gespräch und die wissenschaftliche Diskussion aufzunehmen und ganz im Geiste Plancks, «wenn schon nicht der politischen, so wenigstens der geistigen Trennung entgegenzuwirken». Die Planck-Feiern 1958 sollten im Übrigen für lange Zeit die letzte größere gesamtdeutsche Aktion der Physiker bleiben. Doch wurden auch danach der Name Max Plancks, die Faszination seiner Persönlichkeit und der Mythos um seine Person auf beiden Seiten der Elbe weiter gepflegt; nicht zuletzt dadurch, dass man die runden Planck-Jubiläen (1975 [B4], 1983 [Z8]) zum Anlass nahm, den Jubilar und das Fachgebiet sowie nicht zuletzt sich selbst zu feiern. Und dass auch im wiedervereinigten Deutschland diese Tradition mit großer Regelmäßigkeit und einigem Aufwand bewahrt wird, belegen die Festveranstaltungen, Tagungen und Ausstellungen der Jahre 1997 (M11; Z9), 2000 (B20; Z11) und 2008 (Z12–14) eindrucksvoll.

Dies zeigt, dass sich auch die Wissenschaft, ganz ähnlich der Politik, eindrucksvoller Symbolgestalten bedient, wenn ihre Leitmotive präsent und wirksam sein sollen. Max Planck gehört zu jenen wissenschaftlichen Symbolgestalten der Moderne, deren Strahlkraft und Öffentlichkeitswirksamkeit sich auf die Faszination seiner Persönlichkeit, vor allem aber auf ein wissenschaftliches Werk gründet, das zum Auslöser einer wissenschaftlichen Revolution wurde. Die tiefgreifenden Konsequenzen dieser Revolution blieben nicht auf das eigentliche Fachgebiet Plancks, die Physik, beschränkt, sondern haben eine neue Epoche in der Geschichte der modernen Naturwissenschaften eingeleitet und ein neues Weltbild begründet. Darüber hinaus bildet Plancks Quantenhypothese, deren physikalischen Folgerungen er lange skeptisch gegenüberstand, die wissenschaftliche Grundlage für die Entwicklung modernster Technologien – als Stichworte seien nur Mikroelektronik, Lasertechnik oder Nanotechnologie genannt. Ohne das Planck'sche Wirkungsquantum h ginge auf all diesen Gebieten nichts, so dass es keineswegs Übertreibung war, wenn Max von Laue anlässlich des zehnten Todestages seines Lehrers feststellte: «Solange es eine Naturforschung gibt, wird sie dafür sorgen, daß Plancks Name unvergessen bleibt.» (P1, Bd. 3, S. 424)

Literatur und Quellen

1. Schriften von Max Planck

P1 Physikalische Abhandlungen und Vorträge. 3 Bände. Braunschweig 1948.
P2 Das Prinzip von der Erhaltung der Energie. Leipzig 1887.
P3 Acht Vorlesungen über theoretische Physik. Leipzig 1910.
P4 Einführung in die theoretische Physik. 5 Bände. Leipzig 1916–1930.
P5 Die Kaiser-Wilhelm-Gesellschaft, In: F. Everling, A. Günther (Hrsg.): Der Kaiser. Wie er war – wie er ist. Berlin 1934, S. 169–172.
P6 Mein Besuch bei Adolf Hitler. Physikalische Blätter 3 (1947), S. 143.
P7 Wissenschaftliche Selbstbiographie. Leipzig 1948 (Acta Historica Leopoldina Nr. 19/1990).
P8 Max Planck in seinen Akademieansprachen. Berlin 1948.
P9 Vorträge und Erinnerungen. Stuttgart 1949.
P10 Selbstdarstellung, 1942, In: Vorträge und Ausstellung zum 50. Todestag. Herausgegeben von der Max-Planck-Gesellschaft. München 1997, S. 91–94.
P11 Brieftagebuch zwischen Max Planck, Carl Runge, Bernhard Carsten und Adolf Leopold, eingeleitet und annotiert von Klaus Hentschel und Renate Tobies. Berlin 1999.
P12 Vorträge, Reden, Erinnerungen. Herausgegeben von Hans Roos und Armin Hermann. Heidelberg 2001.
P13 Max Planck's Annalen Papers. Edited by Dieter Hoffmann. Weinheim 2008.
P14 Die Ableitung der Strahlungsgesetze. Ostwalds Klassiker der exakten Wissenschaften Band 206. Frankfurt am Main 2007.
P15 Über thermodynamische Gleichgewichte. Ostwalds Klassiker der exakten Wissenschaften Band 299. Frankfurt am Main 2008.
P16 Professor Max Planck. Atlantis 14 (1947) 6, S. 223.
P17 Bibliography of his non-technical writings. Edited by J. Heilbron. University of California, Berkeley 1977.
P18 Hauke, P.: Max-Planck-Bibliographie. Berichte und Mitteilungen der MPG Nr. 4/1997.

2. Quellen

Von Max Planck gibt es keinen geschlossenen Nachlass, da seine Korrespondenz, Tagebücher und wissenschaftlichen Aufzeichnungen sowie auch große Teile der Bibliothek bei der Zerstörung seines Hauses im Februar 1944 verbrannt sind (vgl. B19). Einen guten Überblick zur allgemeinen Quellensituation liefert:

A1 Ullmann, D.: Quelleninventar Max Planck. Veröffentlichungen aus dem Archiv der MPG Nr. 8/1996.

A2 Das Archiv der Max-Planck-Gesellschaft in Berlin-Dahlem verfügt über den wohl größten Bestand an Planck-Dokumenten und Archivalien, zum einen in der Planck-Sammlung (Abt.Va, Rep 11), die neben eigenen Autographen auch Kopien aus anderen Archiven und Sammlungen umfasst, sowie im Bestand der Generalverwaltung der KWG (Abt. I, Rep. 1A).

A3 Die Handschriftenabteilung der Staatsbibliothek Berlin, Preußischer Kulturbesitz besitzt mit dem Nachlass von Erwin Planck und dem darin enthaltenen Briefwechsel zwischen Max und Erwin Planck mit über 500 Briefen die wohl größte überlieferte Einzelkorrespondenz des Gelehrten. Weitere größere Planck-Korrespondenzen findet man dort in den Nachlässen von Wilhelm Wien und Runge/du Bois-Reymond.

A4 Das Archiv der Humboldt-Universität zu Berlin verwahrt eine Personalakte Plancks und dokumentiert in den Beständen der Philosophischen Fakultät und Universitätsleitung dessen Wirken an der Friedrich-Wilhelms-Universität.

A5 Das Archiv der Berlin-Brandenburgischen Akademie der Wissenschaften in Berlin verwahrt im Bestand PAW, Akademieleitung, Personalia, ein Fülle von Dokumenten zum Wirken Plancks in der Preußischen Akademie; hierzu gibt B31 einen guten Überblick.

A6 Im Geheimen Staatsarchiv Preußischer Kulturbesitz in Berlin-Dahlem finden sich im Bestand des Wissenschaftsministeriums Dokumente zu den Berufungen Plancks.

A7 Das Bundesarchiv in Berlin-Lichterfelde verwahrt im Bestand NS 15 und Reichskanzlei (R43) einige interessante Dokumente über Planck im Dritten Reich.

A8 Im Bundesarchiv in Koblenz verfügt im Bestand Notgemeinschaft (R 73) sowie in diversen Nachlässen Material zu Planck.

A9 Im Archiv der Ludwig-Maximilians-Universität München liegen die Akten über die Promotion und Habilitation sowie die Privatdozentenzeit Plancks.

A10 Das Landesarchiv Schleswig-Holstein, Schleswig, verwahrt die Akten der Christian-Karls-Universität Kiel, die Plancks Wirken in Kiel dokumentieren.

A11 Das Archiv der Leopoldina Halle hat eine Matrikel-Mappe (Nr. 3710), die sich auf die Publikation von Plancks Selbstbiographie und seine Akademiemitgliedschaft bezieht.

A12 Im Maximiliansgymnasium München haben sich einige Schulzeugnisse Plancks erhalten.

A13 Im Institut für Zeitgeschichte in München findet man Zeitungsausschnitte zu den öffentlichen Vorträgen Plancks und Einschätzungen von NS-Stellen (Bestand MA 141/9)

A14 Im MPI für Psychiatrie, Bestand Höchstbegabtensammlung Adele Juda, sind zahlreiche Informationen zur Familie Planck, inklusive eines Stammbaums, zu finden.

A15 Im Rockefeller Archive Center, Terrytown, NY, finden sich u. a. in den Tagebüchern von M. Miller interessante Einschätzungen über Planck (Bestand 717.2.10).

A16 Im Archiv des Deutschen Museums München befinden sich u. a. in den Nachlässen von Walther Gerlach, Wilhelm Wien, Arnold Sommerfeld und Max von Laue zahlreiche Briefe Plancks.

A17 Im Konzernarchiv ThyssenKrupp liegt am Standort Duisburg der Briefwechsel Plancks mit der Familie Still, und das Historische Archiv Krupp in

Essen verwahrt eine Niederschrift Plancks über die Haber-Feier 1935 (FAH 4 E251).

A18 Im Rijksarchief Nord Holland, Haarlem, ist der Nachlass von H. A. Lorentz (Sign. 364) mit der Planck-Korrespondenz.

A19 Das Churchill College Archives Centre in Cambridge verwahrt im Nachlass von Lise Meitner (Meitner 5/14) die Korrespondenz mit Max, Marga und Nelly Planck.

A20 Die Albert Einstein Archives, The Jewish National and University Library, Hebrew University Jerusalem verwahrt die Korrespondenz zwischen Einstein und Planck.

A21 Das Archiv der Universität Frankfurt am Main verwahrt im Nachlass Max von Laues die Korrespondenz mit Max Planck.

A22 Das Archiv der Deutschen Physikalischen Gesellschaft in Berlin verwahrt die Protokollbücher der DPG sowie diverse Dokumente zur Planck-Medaille.

A23 Im Archive for the History of Quantum Physics finden sich zahlreiche verfilmte Briefe Plancks mit anderen Pionieren der Quantenphysik sowie Interviews mit ihnen.

3. Bücher über Max Planck

M1 Fischer, E. P.: Der Physiker. Max Planck und seine Welt. München 2007.

M2 Gerlach, W.: Die Quantentheorie: Max Planck, sein Werk und seine Wirkung. Bonn 1948.

M3 Hartmann, H.: Max Planck als Mensch und Denker. Berlin 1943/1954.

M4 Heilbron, J.: Max Planck (1858–1947). Ein Leben für die Wissenschaft. Stuttgart 1988/2007.

M5 Hermann, A.: Max Planck in Selbstzeugnissen und Bilddokumenten. Reinbek 1973.

M6 Pufendorf, A. v.: Die Plancks. Berlin 2006.

M7 Vogel, H.: Zum philosophischen Wirken Max Plancks. Berlin 1961.

M8 Zu Max Plancks sechzigstem Geburtstag: Ansprachen, gehalten am 26. April 1918 in der Deutschen Physikalischen Gesellschaft von E. Warburg, M. v. Laue, A. Sommerfeld und A. Einstein, nebst Erinnerungen von M. Planck. Karlsruhe 1918.

M9 Max Planck zum Gedenken. Herausgegeben von der Deutschen Akademie der Wissenschaften. Berlin 1958.

M10 Max-Planck-Festschrift 1958. Herausgegeben von B. Kockel, W. Macke, A. Papapetrou. Berlin 1959.

M11 Vorträge und Ausstellung zum 50. Todestag. Herausgegeben von der Max-Planck-Gesellschaft. München 1997.

4. Planck-Themenhefte von Zeitschriften und Reihen

Z1 Die Naturwissenschaften 6 (1918) Heft 17, S. 193–263.

Z2 De Naturwissenschaften 17 (1929) Heft 26, S. 481–529.

Z3 Annalen der Physik 32 (1938) Heft 1/2, S. 1–224.

Z4 Physikalische Blätter 4 (1948) Heft 4, S. 134–180.

Z5 Annalen der Physik 3 (1948) Heft 1, S. 1–343.

Z6 Angewandte Chemie 61 (1949) Heft 4, S. 113–151.

Z7 Die Naturwissenschaften 45 (1958) Heft 10, S. 221–236.
Z8 itw-kolloquien Nr. 35, Berlin 1984, S. 55–96.
Z9 Physikalische Blätter 51 (1997) Heft 10, S. 999–1022.
Z10 Max Planck (1858–1947). Berichte und Mitteilungen der MPG Nr. 3/1997.
Z11 Physikalische Blätter 56 (2000) Heft 12, S. 36–75.
Z12 Max-Planck-Heft. Physik Journal 7 (2008) Heft 3, S. 26–55.
Z13 Annalen der Physik (2008) Heft 2/3, S. 61–192.
Z14 Max Planck und die Max-Planck-Gesellschaft. Veröffentlichungen aus dem Archiv der Max-Planck-Gesellschaft Bd. 20/2008.

5. Spezialuntersuchungen zu Max Planck

B1 Albrecht, H.: «Max Planck: Mein Besuch bei Adolf Hitler» – Anmerkungen zum Wert einer historischen Quelle. In: Ders.: Naturwissenschaft und Technik in der Geschichte. Stuttgart 1993, S. 41–64.
B2 Beyler, R., M. Eckert, D. Hoffmann: Die Planck-Medaille, in: D. Hoffmann, M. Walker: Physiker zwischen Autonomie und Anpassung. Die Deutsche Physikalische Gesellschaft im Dritten Reich. Weinheim 2008, S. 217–236.
B3 Boeckh, W.: Erinnerungen an Max Planck. Dahlemer Archivgespräche Band 12/2006, S. 255–260.
B4 Brauer, W., H.-W. Streitwolf, K. Werner (Hrsg.): 75 Jahre Quantentheorie. Festband zum 75. Jahrstag der Entdeckung der Planck'schen Energiequanten. Berlin 1977.
B5 Brüche, E.: Gedenkfeier zum 90. Geburtstag von Max Planck. Physikalische Blätter 4 (1948), S. 125–126.
B6 Brüche, E.. Max Planck und die Physikalische Gesellschaft. Physikalische Blätter 4 (1948), S. 152–160.
B7 Darrigol, O.: The Historians' Disagreement over the Meaning of Planck's Quantum. Centaurus 43 (2001), S. 219–239.
B8 Gearhart, Cl. A.: Planck, the Quantum, and the Historians. Physics in Perspective 4 (2002), S. 170–215.
B9 Grabow, R.: Zur Vorgeschichte der Planck'schen Strahlungsgleichung. Physik in der Schule 13 (1975), 521–528; 14 (1976), S. 11–16.
B10 Hachtmann, R.: Anpassung und Nonkonformität. Zur politischen Positionierung Max Plancks während der NS-Zeit. In: M. Gibas, R. Stutz, J. H. Ulbricht (Hrsg.): Couragierte Wissenschaft. Jena 2007, S. 25–43.
B11 Hermann, A.: Frühgeschichte der Quantentheorie. Mosbach 1969.
B12 Herneck, F.: Max Planck. In: Ders.: Bahnbrecher des Atomzeitalters. Berlin 1970, S. 127–168.
B13 Hettner, G.: Die Bedeutung von Rubens' Arbeiten für die Planck'sche Strahlungsformel. Die Naturwissenschaften 10 (1922), S. 1035–1037.
B14 Hoffmann, D.: Max Planck und die Popularisierung naturwissenschaftlicher Erkenntnisse. Studienheft der Urania Berlin 1982, S. 19–28.
B15 Hoffmann, D.: Max Planck. zum 125. Geburtstag des Physikers. Wissenschaft und Fortschritt 33 (1983), S. 126–131.
B16 Hoffmann, D.: Erweiterte Oberschule «Max Planck» – Traditionen einer Schule. Physik in der Schule 21 (1983), S. 138–144.
B17 Hoffmann, D.: Max Planck als akademischer Lehrer. itw-kolloquien Nr. 35, Berlin 1984, S. 55–71.

B18 Hoffmann, D.: Wider die geistige Trennung. Die Max-Planck-Feier(n) in Berlin 1958. Deutschland-Archiv 29 (1996), S. 525–534.
B19 Hoffmann, D., Th. Stange: «Das zu wissen wäre mir von hohem Werte» – Über das Schicksal der Bibliothek von Max Planck. Physikalische Blätter 52 (1997), S. 21–23.
B20 Hoffmann, D., J. Lemmerich: 100 Jahre Quantentheorie. Katalog zur Ausstellung. Berlin 2000.
B21 Hoffmann, D.: Das Verhältnis der Akademie zu Republik und Diktatur. Max Planck als Sekretar, In: W. Fischer (Hrsg.): Die Preußische Akademie der Wissenschaften zu Berlin 1914–1945. Berlin: Akademie-Verlag 2000, S. 53–85.
B22 Hoffmann, D.: Schwarze Körper im Labor. Experimentelle Vorleistungen für Plancks Quantenhypothese. Physikalische Blätter 56 (2000) 12, S. 43–47.
B23 Hoffmann, D.: «... weder schön noch typisch für die Zeit». Das Max-Planck-Denkmal von Bernhard Heiliger (1949/50). Jahrbuch für Universitätsgeschichte 6 (2003), S. 184–196.
B24 Hoffmann, D.: «Kaum eine Sitzung, die ich versäumt habe». Max Planck und die Physikalische Gesellschaft. Physik Journal 7 (2008), 3, S. 27–32.
B25 Hoffmann, D.: Max Planck und Albert Einstein: Kollegen im Widerstreit. Spektrum der Wissenschaft Heft 5/2008 – im Druck.
B26 Hoffmann, D.: «... you would not say to some one's face, that their work is rubbish!». Max Planck as Editor of the Annalen der Physik. Annalen der Physik 17 (2008) 5, S. 271–300.
B27 Kangro, H.: Vorgeschichte des Planck'schen Strahlungsgesetzes. Wiesbaden 1970.
B28 Kirsten Chr., H. G. Körber (Hrsg.): Physiker über Physiker I, II. Berlin 1975/1979.
B29 Klein, M: Max Planck and the Beginnings of Quantum Theory. Archive for the History of Exact Sciences 1 (1962), S. 459–479.
B30 Kohl, Ulrike: Die Präsidenten der Kaiser-Wilhelm-Gesellschaft im Nationalsozialismus. Stuttgart 2002.
B31 Künzel, F.: Max Plancks Wirken an der Berliner Akademie der Wissenschaften als Ordentliches Mitglied und Sekretar zwischen 1894 und 1947. Dissertation Humboldt-Universität zu Berlin 1984.
B32 Kragh, H.: Quantum Generations. A History of Physics in the Twentieth Century. Princeton 1999.
B33 Kuhn, Th. S.: Black-Body Theory and the Quantum Discontinuity 1894–1912. New York, Oxford 1978.
B34 Mehra, J., H. Rechenberg: The Historical Development of Quantum Theory. Volume 1, Part 1,2: The Quantum Theory of Planck, Einstein, Bohr, and Sommerfeld: Its Foundation and the Rise of Its Difficulties 1900–1925. Heidelberg 1982.
B35 Meissner, W.: Max Planck zum Gedächtnis. Zeitschrift für Naturforschung 2a (1947), S. 587–595.
B36 Meitner, L.: Max Planck als Mensch. Die Naturwissenschaften 45 (1958), S. 406–408.
B37 Oittner-Torkar, G.: «Von meinen Universitätslehrern hatte keiner ein Ver-

ständnis für ihren Inhalt». Die Dissertation von Max Planck. MPG-Spiegel Nr. 4/1997, S. 41–47.
B38 Renn, J., G. Castagnetti, P. Damerow: Albert Einstein in Berlin. Alte und neue Kontexte in Berlin. In: J. Kocka (Hrsg.): Die Königliche Akademie der Wissenschaften im Kaiserreich. Berlin 1999, S. 333–354.
B39 Schöpf, H.-G.: Von Kirchhoff bis Planck. Berlin 1978.
B40 Seth, S.: Allgemeine Physik? Max Planck und die Gemeinschaft der theoretischen Physik 1906–1914. In: Der Hochsitz des Wissens, herausgegeben von M. Hagner und M. D. Laubichler. Berlin 2006, S. 151–184.
B41 Stern, F.: Max Planck. Größe des Menschen und Gewalt der Geschichte. In: Max Planck. Vorträge und Ausstellung zum 50. Todestag, hrsg. von der Max-Planck-Gesellschaft, München 1997, S. 34–51.
B42 Warburg, L.: Eine vollkommene Närrin durch meine Gefühle. Aus den Tagebüchern der Lotte Warburg. Herausgegeben von W. Rüskamp. Bayreuth 1989.
B43 Vogt, A.: «In Ausnahmefällen ja» – Max Planck als Förderer seiner Kolleginnen. MPG-Spiegel Nr. 4/1997, S. 47–53.

6. Weitere zitierte Literatur

L1 Boltzmann, L.: Über die Beziehung zwischen dem zweiten Hauptsatz der mechanischen Wärmetheorie und der Wahrscheinlichkeitsrechung respektive den Sätzen über das Wärmegleichgewicht. Berichte der Kaiserlichen Akademie der Wissenschaften Wien 76 (1877), S. 373–435.
L2 Brocke, B. vom: Die Kaiser-Wilhelm-Gesellschaft in der Weimarer Republik, In: R. Vierhaus, B. vom Brocke (Hrsg.): Forschung im Spannungsfeld von Politik und Gesellschaft. Geschichte und Struktur der Kaiser-Wilhelm/Max-Planck-Gesellschaft. Stuttgart 1990, S. 197–355.
L3 Cahan, D.: Meister der Messung. Die Physikalisch-Technische Reichsanstalt im Deutschen Kaiserreich. Weinheim 1992.
L4 Cassidy, D.: Einstein and the quantum hypothesis. In: J. Renn (Ed.): Einstein's Annalen Papers. Weinheim 2005, S. 15–22.
L5 Crawford, E., J. Heilbron, R. Ullrich: The Nobel Population 1901–1937. Berkeley Papers in History of Science Nr. 11/1987.
L6 Du Bois-Reymond: E.: Rektoratsrede vom 3.8.1870. In: M. Lenz: Geschichte der Königlichen Friedrich-Wilhelms-Universität, Bd. 2,2. Halle 1918.
L7 Deichmann, U.: Flüchten, Mitmachen, Vergessen. Weinheim 2001.
L8 Eckert, M.: Die Atomphysiker. Eine Geschichte der theoretischen Physik am Beispiel der Sommerfeldschule. Wiesbaden 1893.
L9 Einstein, A.: Collected Papers. Edited by R. Schulmann et. al. Princeton 1987 ff.
L10 Gläser, H., K.-H. Metzger u. a.: 100 Jahre Villenkolonie Grunewald 1889–1989. Berlin 1993.
L11 Grau, C., W. Schlicker, L. Zeil: Die Berliner Akademie der Wissenschaften in der Zeit des Imperialismus, Bd. 3, Die Jahre der faschistischen Diktatur 1933–1945. Berlin 1979.
L12 Grau, C.: Die Preußische Akademie der Wissenschaften zu Berlin. Heidelberg 1993.
L13 Grundmann, S.: Einsteins Akte. Berlin 2005.

L14 Hahn, O.: Mein Leben. München 1986.

L15 Hashagen, Ulf: Walther von Dyck (1856–1934). Mathematik, Technik und Wissenschaftsorganisation an der TH München. Stuttgart 2003.

L16 Heinemann, M.: Der Wiederaufbau der Kaiser-Wilhelm-Gesellschaft und die Neugründung der Max-Planck-Gesellschaft (1945–1949). In: Vierhaus, R., B. vom Brocke (Hrsg.): Forschung im Spannungsfeld von Politik und Gesellschaft. Geschichte und Struktur der Kaiser-Wilhelm/Max-Planck-Gesellschaft. Stuttgart 1990, S. 407–470.

L17 Hermann, A., H. Albrecht: Die Kaiser-Wilhelm-Gesellschaft im Dritten Reich (1933–1945). In: Vierhaus, R., B. vom Brocke (Hrsg.): Forschung im Spannungsfeld von Politik und Gesellschaft. Geschichte und Struktur der Kaiser-Wilhelm/Max-Planck-Gesellschaft. Stuttgart 1990, S. 356–405.

L18 Hertz, Heinrich: Erinnerungen, Briefe, Tagebücher. Weinheim 1977.

L19 Hoffmann, D.: Die Physikalisch-Technische Reichsanstalt Zum 100. Gründungsjubiläum der bedeutenden Forschungseinrichtung. Feingerätetechnik 36 (1987), S. 558–562.

L20 Hoffmann, D: Operation Epsilon. Berlin 1993.

L21 Hoffmann, D. (Hrsg.): Gustav Magnus und sein Haus. Berlin 1996.

L22 Hoffmann, D.: Peter Debye (1884–1966): Ein typischer Wissenschaftler in untypischer Zeit. Gewina 29 (2006) 4, S. 141–168.

L23 Hoffmann, D.: Paul Drude (1863–1906). In: P. Drude: Zur Elektronentheorie der Metalle. Herausgegeben von H. T. Grahn und D. Hoffmann. Frankfurt am Main 2006, S. 7–22.

L24 Hoffmann, D.: Einsteins Berlin. Weinheim 2006.

L25 Hoffmann, D., M. Walker: Physiker zwischen Autonomie und Anpassung. Die Deutsche Physikalische Gesellschaft im Dritten Reich. Weinheim 2007.

L26 Hörz, H., A. Laaß: Ludwig Boltzmanns Weg nach Berlin. Berlin 1989.

L27 Jungnickel, Chr., R. McCormmach: Intellectual Mastery of Nature. Theoretical Physics from Ohm to Einstein. Volume 1,2. Chicago 1986.

L28 Kirsten, Chr., H. J. Treder (Hrsg.): Albert Einstein in Berlin. 2 Bände. Berlin 1979.

L29 Krohn, C. D., P. von zur Mühlen, L. Winkler (Hrsg.): Handbuch der deutschsprachigen Emigration 1933–1945. Berlin 1998.

L30 Ladenburg, R.: Die Methode zur h-Bestimmung und ihre Ergebnisse. In: Handbuch der Physik. Herausgegeben von H. Geiger und K. Scheel. Bd. XXIII, S. 1–22.

L31 Laitko, H. (Hrsg.): Wissenschaft in Berlin. Berlin 1987.

L32 Lemmerich, J.: Lise Meitner – Max von Laue. Briefwechsel 1938–1948. Berlin 1998.

L33 Macrakis, Chr.: Wissenschaftsförderung durch die Rockefeller-Stiftung im Dritten Reich. Geschichte und Gesellschaft 12 (1986), S. 348–379.

L34 Mayer-Kuckuk, Th. (Hrsg.): 150 Jahre Deutsche Physikalische Gesellschaft. Weinheim 1995.

L35 Mehrtens, H.: Kollaborationsverhältnisse. Natur- und Technikwissenschaftler im NS-Staat und ihre Historie. In: Chr. Meinel, P. Vosswinkel (Hrsg.): Medizin, Naturwissenschaft, Technik und Nationalsozialismus. Kontinuitäten und Diskontinuitäten. Stuttgart 1994, S. 13–32.

L36 Metzler, G.: Internationale Wissenschaft und nationale Kultur. Deutsche Physiker in der internationalen Community 1900–1960. Göttingen 2000.

L37 Nipperdey, Th.: Preußen und die Universität. In: Ders.: Nachdenken über deutsche Geschichte. München 1990, S. 140–155.
L38 Pauli, W.: Wissenschaftlicher Briefwechsel mit Bohr, Einstein, Heisenberg u. a. Herausgegeben von K. v. Meyenn. Berlin 1985.
L39 Schröder-Gudehaus, B.: Deutsche Wissenschaft und internationale Zusammenarbeit 1914–1928. Ein Beitrag zu Studium kultureller Beziehungen in politischen Krisenzeiten. Genf 1966.
L40 Seeger, R. J., J. Willard Gibbs: American mathematical Physicists par excellence. Oxford 1974.
L42 Siemens, W. v.: Wissenschaftliche und technische Arbeiten. 2 Bände. Berlin 1889/91.
L43 Sommerfeld, A.: Wissenschaftlicher Briefwechsel. Herausgegeben von M. Eckert und K. Märker. Berlin 2000; weitere Briefe findet man unter: *www.lrzmuenchen.de/~Sommerfeld*
L44 Die Thätigkeit der PTR 1900. Zeitschrift für Instrumentenkunde 20 (1900), S. 105–155.
L45 Ungern-Sternberg, J. v.: Der Aufruf «An die Kulturwelt». Das Manifest der 93 und die Anfänge der Kriegspropaganda im Ersten Weltkrieg, mit einer Dokumentation. Stuttgart 1996.

Bildnachweis

Archiv der Deutschen Physikalischen Gesellschaft, Berlin: 7, 8
Archiv Dieter Hoffmann: 3, 4, 5, 18
Archiv zur Geschichte der Max-Planck-Gesellschaft, Berlin: 1, 2, 6, 9, 11, 12, 13, 14, 15, 17
Konzernarchiv ThyssenKrupp, Duisburg: 16
Niels Bohr Institute Copenhagen, Archive: 10

Personenregister